Klaus Merg | Torsten Knödler

Überleben im Job

Klaus Merg | Torsten Knödler

Überleben im Job

So erreichen Sie einen Berufsalltag ohne Stress und Burnout

REDLINE | VERLAG

Bibliografische Information der Deutschen Nationalbibliothek
Die Deutsche Nationalbibliothek verzeichnet diese Publikation in der Deutschen Nationalbibliografie.
Detaillierte bibliografische Daten sind im Internet über http://dnb.d-nb.de abrufbar.

Für Fragen und Anregungen:
merg@redline-verlag.de
knödler@redline-verlag.de

3., aktualisierte und erweiterte Auflage 2012

© 2012 by Redline Verlag, ein Imprint der Münchner Verlagsgruppe GmbH,
Nymphenburger Straße 86
D-80636 München
Tel.: 089 651285-0
Fax: 089 652096

Karikaturen: Stefan Quarg (www.architekt-quarg.de)
Redaktion: Leonie Zimmermann, Kaufering
Lektorat: Kerstin Weigel, Landsberg am Lech
Umschlagabbildung: iStockphoto.com
Satz: abavo GmbH, 86807 Buchloe
Druck: Konrad Triltsch GmbH, Ochsenfurt
Printed in Germany

ISBN Print 978-3-86881-353-1
ISBN E-Book (PDF) 978-3-86414-347-2

Weitere Informationen zum Verlag finden Sie unter

www.redline-verlag.de

Beachten Sie auch unsere weiteren Verlage unter
www.muenchner-verlagsgruppe.de

Inhaltsverzeichnis

Anmerkung

Um das Arbeiten mit diesem Buch für Sie möglichst einfach und effizient zu gestalten, haben wir wichtige Textpassagen mit folgenden Icons gekennzeichnet:

 Achtung, wichtig

 Aufgabe, Übung

 Das sollten Sie auf jeden Fall vermeiden.

 Beispiel

 Tipp

Prolog

Wahrscheinlich haben Sie dieses Buch aus einem der folgenden Gründe gekauft:

❐ Ihre Stimmung ist im Keller.
❐ In Ihrem Unternehmen stehen Jobs auf der Kippe.
❐ Ihr Arbeitsplatz ist unsicher geworden.
❐ Sie sind Alleinernährer Ihrer Familie.
❐ Sie gehen mit einem mulmigen Gefühl täglich an den Arbeitsplatz.
❐ Die tägliche Arbeit ist mehr Frust statt Lust.
❐ Das Arbeitsklima war auch schon mal besser.
❐ Sie denken strategisch, antizipieren und möchten in der Regenzeit nicht unbeschirmt dastehen.
❐ Sie spüren, dass die Spaßgesellschaft nicht mehr (so) lustig ist.
❐ Sie haben jemand im Bekanntenkreis, der erst kürzlich seinen Job verloren hat.
❐ Sie möchten es verschenken – dann sollten Sie unbedingt vorher noch selbst reinschauen.

Sie sind nicht alleine – willkommen im Club der Millionäre: Sie sind einer von mittlerweile rund 27 Millionen Beschäftigten in Deutschland, die im Job unter- oder überfordert sind. Kurz gesagt: mächtig Frust schieben. Innere Kündigung, Dienst nach Vorschrift oder Rödeln, bis der Bypass kommt – Extreme bestimmen die Arbeitswelt. Wie finde ich die richtige Balance? Wie entkomme ich dem Teufelskreislauf des Getriebenen? Wie gestalte ich mein (Arbeits-)Leben? In diesem Buch werden Sie nützliche Informationen finden, wie Sie wieder zufriedener werden können – auch wenn um Sie herum meterhoch die Wellen branden. Die Rettungsringe in 13 Kapiteln liegen bereit.

Es ist Ihre (!) bewusste Entscheidung, ob Sie sich Ihr Leben weiter vermiesen lassen wollen und Sie weiter abwärts strudeln. Das muss nicht sein! In den kommenden Kapiteln werden Sie Tipps und Tricks kennenlernen, wie das Überleben auch in rauer Job-See gelingt.

Übrigens, deutsche Unternehmen geben pro Stunde fast 4 Millionen Euro für die Weiterbildung ihrer Mitarbeiter aus. Macht jährlich rund 35 Milliarden (!) Euro aus – und was kommt raus? Sie haben weniger als 20 Euro ausgegeben (oder vielleicht nicht einmal das, weil es jemand gut mit Ihnen gemeint hat) – und Sie werden sehen, es wird sich lohnen. Viel Vergnügen beim Lesen und beim Umsetzen. Dieses Buch ist kein billiges Rezeptbuch, sondern ein Trainingsbuch. Profitieren Sie davon und probieren Sie aus, was für Sie passt.

Im Epilog wird Ihnen noch eine übergreifende, lebensentscheidende Idee präsentiert. Wir haben festgestellt, dass alle Tipps und Tricks unvollständig wären, wenn wir diesen Gedanken außer Acht ließen.

1 Angst am Arbeitsplatz

Wenn man denkt: Was könnte alles passieren,
dann hat man schon den Finger an der Bremse.
Erik Zabel (*1970)

Auf diese Fragen werden Sie in diesem Kapitel Antworten bekommen:

❑ Wie viel Angst gehört zum (Berufs-)Leben?
❑ Bin ich ein ängstlicher Typ?
❑ Habe ich Grund, ängstlich zu sein (weil mein Job auf der Kippe steht)?
❑ Wie bekomme ich meine Angst unter die Füße?

Flugzeuge gab es damals noch keine, Höhenangst hatte er dennoch. Und zwar kräftig: Johann Wolfgang von Goethe (1749-1832), Deutschlands bekanntester Schreiber, litt furchtbar unter Höhenangst. Diese Phobie hat er mit einer Konfrontationstherapie bekämpft, indem er angeblich den höchsten Gipfel des Straßburger Münsterturms bezwungen hat. „Dergleichen Angst und Qual wiederholte ich so oft, bis der Eindruck mir ganz gleichgültig war." Seine Weltliteratur hat er aber dann doch lieber zu Hause geschrieben. Übrigens litt Goethe ab 40 Jahren an einem steifen Rücken und hatte zuletzt auch keinen rechten Biss mehr – sondern am Lebensende insgesamt nur noch elf Zahnstummel im Mund.

Wie viel Angst gehört zum (Berufs-)Leben?

Die Stimmung ist im Keller: Arbeitszeitrambos und Jobkiller mit der Lizenz zum Streichen sorgen für Kulturschocks. Kündigungswellen rauschen durch die Büros: Wie viele Jahre geht das noch so weiter? Stephan Newhouse, CEO bei Morgan Stanley, meint lapidar: „Eine Fusion macht nur Sinn, wenn man Leute feuert." Dazu passt ein gern praktiziertes Prinzip der Beraterbranche: straffen, schrumpfen, schleifen. Mitarbeiter haben keinen Stammplatz mehr im Unternehmen. Die Auswechselbank wird voller, die Söldnermentalität wächst.

Die lange Werkbank steht in Asien: Für 10 bis 30 Prozent eines westlichen Gehalts arbeitet ein chinesischer Techniker oder Wissenschaftler, verzichtet weitgehend auf Arbeitnehmerrechte, ist fleißig, engagiert und lerneifrig. Bereits Ende 2005 gab es ca. 520.000 Programmierer in China – ebenso viele wie in der derzeitigen Software-Hochburg Indien. Die EU-Osterweiterung sorgt für zusätzliche günstige Arbeitskräfte. „Die in den vergangenen Jahren schon rund 100.000 abgewanderten Arbeitsplätze in der Autobranche sind erst der Anfang", so Ferdinand Dudenhöfer, Geschäftsführer des Prognoseinstituts B&D-Forecast. Gleichzeitig herrscht Hochkonjunktur bei Firmenpleiten.

Der Jugendwahn

In mehr als der Hälfte aller Betriebe in Deutschland ist mittlerweile kein Arbeitnehmer älter als 50 Jahre. Nur ein Drittel aller Männer zwischen 60 und 65 sind noch erwerbstätig, bei den Frauen sogar nur jede Fünfte. Im allgegenwärtigen Jugendwahn – vor allem auch bei Personalchefs – beginnt das Alter bereits jenseits der 40! Gabor Steingart (Chefredakteur des *Handelsblatts*, ehemaliger Leiter des Hauptstadtbüros beim Spiegel und Buchautor *Deutschland – Der Abstieg eines Superstars*) sagt schonungslos, was manche ahnen und viele fürchten: „Deutschland steigt ab, seit vielen Jahren schon, und mit der deutschen Einheit hat sich dieser historische Niedergang des einstigen Superstars enorm beschleunigt. Alle relevanten ökonomischen Daten zeigen einen Abstieg an." Staatsverschuldung und Massenarbeitslosigkeit seien die einzigen Parameter für Wachstum. „Die goldenen Jahre der Nachkriegsprosperität waren nur ein Übergangsphänomen", meint auch Paul Nolte, Historiker an der International University in Bremen und Buchautor (*Generation Reform*).

Der Mensch als Kostenfaktor

Der Mensch ist Kostenfaktor. Angst und Neid prägen das Arbeitsklima. Komparative („größer", „besser", schneller", „schöner") und Superlative („der Größte", „die Beste", „der Schnellste", „die Schönste") beherrschen die (Arbeits-)Welt. Es geht in diesem Kapitel und diesem Buch nicht um Panikmache, sondern darum, die Zeichen der Zeit zu erkennen, und darum, soweit Sie selbst dazu beitragen können, Ihr „Standing" in der Firma bzw. auf dem (Stellen-)Markt und damit die Jobsicherheit zu verbessern.

Die Angst vor Fehlern

Viele haben Angst, einen Fehler zu machen. Der Grund: In fast allen Fällen wird ein Schuldiger gesucht und an den Pranger gestellt. Die Angst vor Fehlern ist zugleich der Innovationskiller Nummer eins. Die Folge: Besser nichts tun oder sich zehnmal absichern (Motto: Der real existierende Sozialismus lebt!). Zum Angst-Mix gehört auch, den immer höheren Anforderungen nicht gewachsen zu sein (s. Kapitel 4 und 6) und Stress nicht mehr auszuhalten (s. Kapitel 5).

Die Angst vor Arbeitslosigkeit

Fast jeder zweite Mann (47 Prozent) hat am meisten Angst vor Arbeitslosigkeit, an zweiter Stelle rangiert die Furcht vor Krankheit (39 Prozent). Fast jeder Dritte sorgt sich um einen drohenden Karriereknick und 30 Prozent haben Angst vor der Zukunft, wie eine Umfrage im Auftrag eines Männermagazins ergeben hat. Insgesamt fürchten rund 43 Prozent aller Erwerbstätigen, den Job zu verlieren, wie eine repräsentative Umfrage der DAK und der Zeitschrift *Woman* ergab.

Auch wer erst seit ein paar Jahren nach seinem Hochschulstudium arbeitet, wünscht sich an erster Stelle nur noch eines: vor allem einen sicheren Job. Wenn sich die jungen Erfolgreichen zwischen sicherem Job und schneller Karriere entscheiden müssen, bevorzugen fast drei von vier (72,9 Prozent) die sichere Anstellung, wie das Young-Professional-Barometer schon 2002 des Berliner trendence Instituts für Personalmarketing in einer Befragung von 9733 jungen Berufstätigen herausgefunden hat. Dieses Ergebnis wäre früher undenkbar gewesen.

Kein Interesse an der Arbeit?

Immerhin fast 90 Prozent der Mitarbeiter in deutschen Unternehmen haben nach einer Meinungsumfrage des Gallup-Instituts kein Interesse an ihrer Arbeit. Wen wundert's: Viele Mitarbeiter sind durch das erhebliche Streichen von Kosten, sprich Jobs, frustriert. Wer sich ständig Gedanken um seinen Job machen muss, kann nicht mit ganzem Herzen und Hirn bei seiner eigentlichen Arbeit sein. Gleichzeitig zeigen andere Untersuchungen wie z. B. das Excellence Barometer schon vor Jahren vom Marktforschungsinstitut forum und VDI (Verein Deutscher Ingenieure), dass gerade Motivation ein Schlüsselfaktor ist: Intensive Schulung und hohe Motivation der Mitarbeiter sind für den Erfolg eines Unternehmens entscheidender als die Qualität von Produkten und Dienstleistungen (vgl. Kapitel 4). Umgekehrt wird ein Qualitätsschuh daraus: „Wenn du Qualität willst, dann beseitige die Angst", hat W. Edwards Deming, Vater des Total Quality Management (TQM), schon vor Jahren festgestellt.

Angst, was ist das?

Verwandt mit dem lateinischen „angustus" (eng, beengend) und dem griechischen „angchein" (würgen, drosseln). Das klinische Wörterbuch Pschyrembel versteht darunter einen als unangenehm empfundenen, gleichwohl lebensnotwendigen (weil eine Gefahr signalisierenden) emotionalen Zustand. Begleiterscheinungen sind u. a. Unsicherheit, Unruhe, Schlafstörungen, Erregung (eventuell Panik), Bewusstseins-, Denk-, oder Wahrnehmungsstörungen, Anstieg von Puls oder Atemfrequenz, Übelkeit, Zittern und Schweißausbrüche.

Die Begleiterscheinungen von Angst

Der Erfinder der Psychoanalyse, Sigmund Freud (1856-1939), ortete als Quelle der Angst die Furcht vor Trennung. Anschauungsunterricht konnte er bei sich selbst nehmen, weil er öfters unter Panikanfällen litt, die in der Literatur schon ausführlich beschrieben wurden. Der Psychoanalytiker und Angstexperte Fritz Riemann, dessen *Grundformen der Angst* und vier Persönlichkeitstypen im dritten Kapitel vorgestellt werden, fasst treffend zusammen: „Angst tritt immer dort auf, wo wir uns in einer Situation befinden, der wir nicht oder noch nicht gewachsen sind. Jede Entwicklung, jeder Reifungsschritt ist mit Angst verbunden, denn er führt uns in etwas Neues, bisher nicht Gekanntes und Gekonntes, in innere und äußere Situationen, die wir noch nicht und in denen wir uns noch nicht erlebt haben."

Exkurs: Wissenschaft und Angst

❏ Fast jeder Beschäftigte leidet am Arbeitsplatz unter Ängsten, so eine Langzeitstudie der FH Köln. In Zahlen: bis zu 90 Prozent. Der volkswirtschaftliche Schaden betrage jährlich mehr als 50 Milliarden Euro (Stand: 1998). Und die Zahlen steigen weiter angesichts der bei den Krankenkassen registrierten Burnout-Wellen.

❏ „Je besser ein Job dotiert ist, desto größer ist in der Regel die Angst", haben ebenfalls Panse und Stegmann (*Kostenfaktor Angst*) herausgefunden.

❏ Nach Massenentlassungen verdoppelt sich das Risiko für die verbleibenden Kollegen, an einer Herz- oder Gefäßkrankheit zu sterben (Studie des Finnish Institute of Occupational Health, Helsinki).

❏ Angstfrei durchs Leben zu gehen ist ein erheblicher Nachteil: Wer kein Misstrauen kennt, wird ständig übervorteilt, so Prof. Antonio Damasio, Leiter einer der weltgrößten Neurologie-Stationen in Iowa City.

❏ Der Klassiker: In der berühmten Sozialstudie „Die Arbeitslosen von Marienthal" in den frühen 1930er-Jahren in einem Dorf bei Wien wurde herausgefunden: Wenn sich das Einkommen verschlechtert, verschlechtert sich auch die seelische Verfassung der Menschen. Sie resignieren, verzweifeln und versinken schließlich in Lethargie. Diese Gleichung wurde in dem Dorf entdeckt, dessen 1486 Einwohner nach der Schließung der einzigen Fabrik arbeitslos geworden waren.

❏ Die LVE-Liste (LVE = Lebensveränderungseinheiten) zeigt, welche Lebensereignisse am meisten stressen und ängstigen (Auswahl der neun wichtigsten):

Ereignis	LVE-Wert
Tod des Partners	100
Scheidung	73

(Quelle: Holmes/Rahe nach Zimbardo „Psychologie")

Warum kann zu viel Angst so gefährlich sein?

Angst kann lähmen und den Blickwinkel nur noch auf Probleme eingrenzen – die Psychologie nennt das selektive Wahrnehmung: Das Bewusstsein bestimmt das Sein. Berühmte Beispiele dafür sind „Der eingebildete Kranke" von Molière oder der Kinofilm „A beautiful mind" über das Genie, den Nobelpreisträger und den Spieltheoretiker John Nash. Angst kann krank machen, verbraucht Energie, untergräbt das Selbstbewusstsein, erstickt Neugierde, tötet Kreativität und lähmt. Meist kommen körperliche Beschwerden dazu (Nervosität, Schlafstörungen, Magen-Darm-Beschwerden, Rücken- und Kopfschmerzen) und die gefährliche Flucht in Alkohol und Medikamente.

Angst macht krank

Stopp: Angst hat aber wie eine Medaille auch eine zweite Seite – die positive: Angst ist Ihre innere Alarmanlage, die Gefahr signalisiert. Angst sensibilisiert Sie für negative Entwicklungen: Wer rechtzeitig weiß, dass eine Sturmflut droht, kann Maßnahmen dagegen treffen! Angst lässt Gefahren schneller erkennen, macht wacher und reaktionsfähiger (wenn sie uns noch nicht vollständig gelähmt hat), vorsichtiger und überlegter. Sie gibt Energie und Ausdauer, um Gefahren zu entkommen. Kurz: Angst sichert Überleben.

Bin ich ein ängstlicher Typ?

„Von der Stirne heiß rinnen muss der Schweiß", dichtete einst Friedrich Schiller. Heutzutage rinnt vor allem der Angstschweiß. Rund 60 Prozent der Angestellten leiden unter Angstattacken am Arbeitsplatz, so eine Forsa-Umfrage im Jahr 2000. Die Zahl dürfte angesichts der Euro-Krise und Wirtschaftsmisere aktuell kaum niedriger liegen.

Im dritten Kapitel wird Ihnen eine Typologie von Riemann vorgestellt, anhand deren Sie sich selbst besser kennenlernen können. An dieser Stelle können Sie grob taxieren, was Ihnen so richtig im beruflichen und privaten Umfeld Angst einjagt.

Selbstanalyse

Was macht Ihnen richtig Angst? (Sprich: Wenn Sie daran denken, würden Sie am liebsten davonlaufen.)

1. Berufliches Umfeld	Ja/Nein (eventuell warum?)
❏ Wirtschaftliche Situation des Unternehmens	(Wenn es kein klares „Ja" ist, dann kreuzen Sie „Nein" an.)
• Auftragslage	❏ Ja ❏ Nein
• Umsatz-/Gewinnsituation	❏ Ja ❏ Nein
• Jobverlagerung ins Ausland	❏ Ja ❏ Nein
• Outsourcing	❏ Ja ❏ Nein
•	❏ Ja ❏ Nein
•	❏ Ja ❏ Nein

❑ Arbeitsaufgabe (über-/un-
    terfordert)   ❑ Ja   ❑ Nein

❑ Betriebsklima Kollegen   ❑ Ja   ❑ Nein

❑ Betriebsklima Chef   ❑ Ja   ❑ Nein

❑ Betriebsklima Lieferanten   ❑ Ja   ❑ Nein

❑ Betriebsklima Kunden   ❑ Ja   ❑ Nein

❑ Fehler zu machen   ❑ Ja   ❑ Nein

❑ Meine Meinung offen zu
    sagen   ❑ Ja   ❑ Nein
❑ ....   ❑ Ja   ❑ Nein
❑ ....   ❑ Ja   ❑ Nein

2. Privates Umfeld
❑ (Aktueller) Schuldenstand   ❑ Ja   ❑ Nein
❑ Versorgung Familie, Kin-
    der, Freunde etc.   ❑ Ja   ❑ Nein

❑ ....   ❑ Ja   ❑ Nein
❑ ....   ❑ Ja   ❑ Nein
❑ ....   ❑ Ja   ❑ Nein

Auswertung: Wenn Sie überwiegend ein „Ja" angekreuzt haben,
stehen gerade die Zeichen auf Angst-Sturm. Dennoch ist das
Schiff noch nicht untergegangen. Mit anderen Worten: Sie
können noch den sicheren Hafen ansteuern. Wenn Sie fast
ausschließlich „Nein" angekreuzt haben: Herzlichen Glückwunsch! Sie kann so schnell nichts umhauen oder Sie arbeiten
beruflich auf einer Trauminsel (dann sollten Sie die Autoren
informieren und das Buch nach der Lektüre bald in Ihrem

Bekanntenkreis weitergeben – denn vielen geht es nicht so gut wie Ihnen).

Habe ich Grund, ängstlich zu sein?

Arbeitsplätze verschwinden in Billiglohnländer

Gute Unternehmen verschaffen sich Wettbewerbsvorteile, indem sie Entwicklungen antizipieren. Das können Sie auch: Wirtschaftsforschungsinstitute, Unternehmensberatungen und Wissenschaftler versuchen regelmäßig, in Studien in die Zukunft zu blicken. Auch wenn nur ein Teil tatsächlich eintritt, haben Sie einen gewissen Informationsvorsprung. So sind z. B. allein in den Zukunftsbranchen Software und EDV-Dienstleistungen laut einer Studie der Unternehmensberatung A.T. Kearney von 2004 bis 2007 rund 130.000 deutsche Arbeitsplätze in osteuropäische oder asiatische Billiglohnländer verschwunden. Im Internetzeitalter kostet der Transfer kaum Zeit und Geld. Die Folge: Nur noch wenige teure Angestellte sind unersetzbar – vor allem Spezialisten und Mitarbeiter, bei denen die enge Beziehung zum Kunden oder die Muttersprache zählt. Rund 1000 McKinsey-Berater in Deutschland lassen bereits ihre PowerPoint-Präsentationen in englischer Sprache in Indien erstellen. Skizze hingefaxt, Folien zusammengebastelt und zurückgemailt – fertig.

Stellen Sie anhand des folgenden Ampel-Modells fest, wie sicher Ihr Job ist. Einzelne Punkte für sich genommen müssen noch keine Gefahr darstellen, schließlich kann dahinter auch nur ein allgemein gestiegenes Kostenbewusstsein stehen. Eine Häufung lässt freilich vermuten, dass Sie allen Grund haben, besonders aufmerksam die weitere Entwicklung zu beobachten. Deshalb ist die Liste auch ziemlich ausführlich geworden (für Ihren Wettbewerbsvorsprung).

Ampel-Checkliste: Warnsignale

Gehen Sie die einzelnen Punkte durch, um festzustellen, ob und wie schlimm es um Ihr Unternehmen und speziell um Ihren Job steht.

1. Gelbes Warnlicht (latente Phase)

❏ Bauen andere Unternehmen in Ihrer Branche Stellen ab? In Ihrem speziellen Fachbereich? (Medienberichterstattung, Flurfunk etc.)

❏ Ist das schwarze Brett mit den internen Stellenausschreibungen eine weiße Wand? Heißt: kein Angebot oder nur noch ein stark geschrumpftes. Personalrekrutierung über den externen Stellenmarkt ist auf Eis gelegt? (Indikator: Stellenmarkt in überregionalen/regionalen Tageszeitungen)

❏ Gibt es weniger Jobhopper in Ihrem Unternehmen? Sprich: Die Wechselbereitschaft nimmt massiv ab.

❏ Werden Personalmarketing und Rekrutierung von Hochschulabsolventen eingeschränkt oder ganz zurückgefahren? Werden auch die Ausbildungsstellen gekürzt?

❏ Sie haben eine gute Idee und die Rückfrage lautet: „Was kostet das?" Und nicht: „Was könnte es dem Unternehmen bringen?"

❏ Werden „Fangprämien" für gesuchte Bewerber (mit besonderen Qualifikationen) gestrichen?

❏ Allgemeine Stimmungsverschlechterung im Haus, die nicht auf eine Tiefdruckwetterlage zurückzuführen ist (Gesichtsausdruck, Wortwahl)? Mieses Arbeitsklima? Motivationsverluste? Wann wurden Sie zuletzt gelobt? Wie?

❏ Müssen Sie neue Aufgaben zusätzlich übernehmen (Arbeitsverdichtung)? Bekommen Sie nur „Müllarbeit" oder auch strategisch zukunftsträchtige Aufgaben?

❑ Wird/wurde die Weiterbildung zusammengestrichen?
  Z. B. Englischkurse mit/ohne Begründung; insbesondere
  dann bedenklich, wenn damit eine langjährige betriebliche
  Praxis aufgehoben wird.
  Z. B. wenn im Vertrieb verkaufsunterstützende Kurse weg-
  fallen (wenn nicht im Vertrieb, wo soll dann Geschäft
  gemacht werden?!).

❑ Werden Investitionsmaßnahmen (insbesondere auch im
  F&E-Bereich) gekürzt oder gar ganz gestrichen?

❑ Unbezahlte Mehrarbeit? (Werden z. B. auch früher bezahl-
  te Überstunden nicht mehr mit Geld, sondern nur noch mit
  Freizeit abgegolten?)

❑ Werden Tariferhöhungen mit dem AT-Gehalt verrechnet?

❑ (Höhere) variable Gehaltsbestandteile? (Das ist grundsätzlich nichts Verwerfliches, weil in guten Zeiten die Waage
  sich entsprechend positiv hebt. Wird aber gern in eher
  schlechten Zeiten eingeführt.)

❑ Läuft der Auftragseingang schleppend? Brechen Aufträge
  weg? Explodiert die Stornorate? Verabschieden sich
  Stammkunden oder Key Accounts?

❑ Werden die Köpfe in der Geschäftsführung ausgewechselt?
  In kürzeren Zyklen als bisher?

❑ Werden Fringe Benefits (z. B. Firmenwagen) gestrichen oder
  die betriebliche Altersvorsorge gekürzt oder gestrichen?

❑ Werden Dienstreisen restriktiver gehandhabt?

❑ Werden Strom- oder andere Sparappelle verkündet?

❑ Wird der Umzug in ein neues Gebäude auf unbestimmte
  Zeit verschoben oder ganz abgesagt?

❑ Wird die Zimmerauslastung erhöht (um Raumkosten zu
  sparen)?

❑ Wird die Betriebskantine geschlossen?

❑ Werden technische Anschaffungen (wie z. B. neuer Laptop)
  nicht mehr genehmigt?

❑ Wird das Urlaubs- und Weihnachtsgeld gekürzt oder gestrichen (meist schon rotes Warnlicht!)?

2. Rotes Warnlicht (akute Phase)

❏ Gab/Gibt es Kurzarbeit, Zwangsurlaub oder Auszeit mit Gehaltsverzicht?
❏ Gab es in den letzten Wochen/Monaten eine außerordentliche Betriebsversammlung oder wird es eine geben?
❏ Erarbeitet die Geschäftsführung mit dem Betriebsrat einen Sozialplan? (Meist Endstufe dieser Entlassungs- bzw. Jobabbauwelle – was nicht heißt, dass ein paar Monate später keine weitere folgt.)
❏ Werden Outplacement-Beratungen und Aufhebungsverträge angeboten? (Der goldene Handschlag ist meist nur ziemlich blechern und feucht.)
❏ Interessiert sich ein in- oder ausländischer Konkurrent für das Unternehmen? Besonders bei amerikanischen Unternehmen mit Ellenbogenmentalität (hire&fire) läuten jetzt die Alarmglocken Sturm (für die Nicht-Leistungsträger als „Totenglöcklein", für die Leistungsträger als Chance, sich mit ihren Stärken zu positionieren).
❏ Aussagen wie: „Entweder Sie schaffen das (mit weniger Personal) oder Sie können sich einen anderen Job suchen!" Ist der Umgangston rauer geworden? Herrscht ein Rambo-Stil? (Ende der Spaßfolklore?)
❏ Die ersten Kollegen verlassen das Schiff: Sind es (nur besser informierte) Leistungsträger, die freiwillig gehen? Oder sind es Kollegen, die gehen müssen?
❏ Lieferanten holen Ware wieder ab bzw. liefern nur noch gegen Vorkasse?
❏ Steht Ihr Unternehmen mit den obigen Aspekten in den Schlagzeilen? (Dominoeffekt: Vertrauenskrise kann dazu führen, dass eine zerstörerische Lawine ins Rollen kommt.)
❏ In Ihrem Büro sitzt jemand anders?
❏ Gehalt gekürzt?

❏ Bekommen Sie Ihr Gehalt nur noch schleppend bezahlt: zeitlich verzögert bzw. nur in Teilbeträgen?

❏ Geben sich Unternehmensberater die Türklinke in die Hand – oder noch schlimmer: Hat der Konkursverwalter bereits das Sagen? (Wenn Letzterer im Haus ist, dann ist es höchste Zeit für einen Wechsel, wenn es noch geht.)

Wie bekomme ich meine Angst in den Griff?

Reaktionsmöglichkeiten und praktische Tipps bei Angst

Es lassen sich zwei Grundrichtungen der Reaktion auf Angst unterscheiden: (1) die Bewältigung und die (2) Nicht-Bewältigung. Bei der Bewältigung stellt man sich der angstauslösenden Situation. Die Psychologie unterscheidet dabei entsprechende Vorsichtsmaßnahmen (Akkomodation) und den Versuch, die Situation zu ändern (Assimilation). Bei der Nicht-Bewältigung existieren vor allem drei Maßnahmen: Angriff, Flucht und Erstarrung.

Nicht-Bewältigung

❏ Angriff: Die Flucht nach vorne wird – meist aggressiv – angetreten. Hintergrund: Nach außen wirkt ein aggressiver Mensch oft angstfrei, souverän und selbstbewusst. Doch dahinter stecken häufig tiefe Ängste und Unsicherheiten, die mit Stärke überspielt werden.

❏ Flucht: Man versucht, so schnell wie möglich den Gefahrenbereich zu verlassen. Wenn dies nicht möglich ist, flüchtet man in Ersatzbefriedigungen wie Ablenkung, Alkohol, Drogen, Ignorieren etc.

❏ Erstarren vor Angst: Jede Reaktion unterbleibt. Der Betroffene ist blockiert und handlungsunfähig. Eine der schlechtesten
Varianten ist: Sie geben sich Ihrem Schicksal hin und konkur-
rieren mit dem Vogel Strauß („Kopf-in-den-Sand-Strategie").

Die 13 wichtigsten tiefenpsychologischen Abwehrmechanismen im Überblick

1. Verdrängung/Verleugnung
   Unangenehme Wahrnehmungen, Vorstellungen, Wünsche,
   Handlungen werden so weit unterdrückt, dass sie dem
   eigenen Bewusstsein nicht mehr zugänglich sind.
2. Isolierung
   Die angsterregende Verbindung zwischen Affekten, Vorstellungen und Erinnerungen wird gelöst. Die seelischen Inhalte
   sind zwar weiter bewusst, allerdings von den unbewussten
   Gefühlen getrennt. Der Betroffene erzählt von traumatischen Erlebnissen – völlig losgelöst von irgendwelchen
   Gefühlen.
3. Ungeschehen-Machen
   Hier wird bewusst versucht, den angsterregenden Gedanken
   durch einen solchen mit entgegengesetzter Bedeutung aus-
   zulöschen.
4. Verschiebung
   Ein bewusstes Gefühl bzw. ein Gedanke wird nicht auf die
   betreffende Person gerichtet, sondern auf eine andere verschoben. Wer eigentlich auf den Chef ärgerlich ist, verschiebt
   diesen Ärger auf Kollegen.
5. Reaktionsbildung
   Der unbewusste angsterregende Gedanke/Wunsch wird verdrängt und in einen entgegengesetzten Gedanken bzw. ein
   entgegengesetztes Gefühl umgewandelt: z. B. Aggression in
   Mitleid.

6. Regression
Bewusster angstbesetzter Gedanke wird durch das unbewusste Zurückkehren in eine frühe Stufe der Entwicklung abgewehrt.

7. Projektion
Bedrohliche Gedanken werden unbewusst nicht mehr als die eigenen wahrgenommen, sondern auf andere Personen bzw. Objekte projiziert bzw. diesen unterstellt.

8. Identifikation
Bei dieser Abwehrform werden Verhaltensweisen oder ganze Lebensstile des anderen verinnerlicht und imitiert.

9. Rationalisierung
Unbewusste Ängste werden dadurch abgewehrt, indem nachvollziehbare Erklärungen für die Gefühle/Gedanken gefunden werden.

10. Verleugnung der Realität
Äußere Wirklichkeit wird unbewusst verleugnet und in Tagträumen/Fantasien entkräftet.

11. Sublimierung (umstritten, ob ein Abwehrmechanismus)
Angsterzeugende Gedanken werden unbewusst nicht ausgelebt, die frei gewordenen Kräfte in der Umwelt eingesetzt (z. B. ehrenamtliche Tätigkeiten).

12. Angstbetäubung
Angst wird unbewusst durch Alkohol, Medikamente, Arbeit, Sexualität, Spielsucht, Essen usw. betäubt.

13. Vermeidungsverhalten
Es werden sämtliche Gedanken, Gefühle und Handlungen, die Angst hervorrufen könnten, bewusst vermieden (z. B. konfliktträchtige Themen nicht angeschnitten).

(Quelle: IGNIS, Kitzingen)

Drei praktische Tipps:

❑ Führen Sie Buch über die Angstsituationen, um Ihre persönlichen Angst-Parameter zu entdecken (bestimmte Zeiten, bestimmte Personen, bestimmte Themen). Versuchen Sie, sich bewusst der Angst zu stellen und nicht mit der Fantasie diese Ängste noch vertiefend auszumalen (Angst vor der Angst: Phobophobie).

❑ Planen Sie bewusst Aktivitäten in Ihren Tages-/Wochenablauf ein, die Ihnen gut tun und Freude bereiten (z. B. Musizieren, Tanzen, Freunde einladen, Schwimmen, Sauna etc.; wenn Sie es nicht alleine schaffen, s. auch Kapitel 5). Am besten notieren Sie auf einem Blatt Papier Ihre persönlichen „Entspanner", kleben es an eine Tür oder an den Kühlschrank und planen diese angenehmen Stunden bewusst in Ihren Kalender ein (möglichst schon vor einer Krise, spätestens aber, wenn Sie besonders unter Druck stehen).

❑ Überlegen Sie sich Tricks, wie Sie sich unentbehrlicher machen: Bieten Sie sich z. B. (pro-)aktiv für Arbeiten an, die Ihnen liegen (Können), die Sie gerne machen (Wollen) und die für das Unternehmen Mehrwert schaffen bzw. die Kernkompetenz verbessern (dann kann auch keiner später – Stichwort Arbeitsgericht – sagen, Sie hätten nicht Ihr Bestes gegeben). Oder: Überlegen Sie, wo und wie Sie sich einen fachlichen Wettbewerbsvorsprung verschaffen können (s. auch Kapitel 8).

Angst-Parameter

Die persönlichen Entspanner

Der Wettbewerbsvorsprung

Ganz konkret gibt es auch nützliche Entspannungstechniken, mit denen Sie so richtig Dampf ablassen können. Das ändert zwar meist nicht die Situation, aber die negative Energie fließt ab. Im Kapitel 5 wird darauf näher eingegangen.

Das sollten Sie unbedingt wissen

Machen Sie Inventur, stellen Sie sich dabei folgende Fragen und behalten Sie folgende Zusammenhänge im Auge:

❏ Zu welchen Opfern bin ich bereit, um die Sicherheit zu erhöhen?
   Zum Vergleich eine Emnid-Umfrage im Auftrag der *Bildwoche*: Drei von vier deutschen Arbeitnehmern erbrächten persönliche Opfer für einen wirtschaftlichen Aufschwung. Jeder zweite Berufstätige würde dafür zwei Stunden länger in der Woche ohne finanziellen Ausgleich arbeiten.

❏ Kenne ich meine Rechte? Lässt mich die Rückendeckung einer Rechtsschutzversicherung ruhiger schlafen (falls es zu einem Arbeitsgerichtsprozess kommt: finanzieller Schutz und kompetente Rechtsberatung)? Kenne ich einen (vertrauensvollen) Ansprechpartner im Betriebsrat? Betriebsräte sind Interessenvertreter der Arbeitnehmer und unterliegen der Schweigepflicht.
   Gerade wenn Sie älter sind, könnten Sie von tariflichen Senioritätsregeln und damit von Sonderbehandlungen wie besonderem Kündigungsschutz profitieren.

❏ Auch wenn es oft banal klingt, dennoch verstoßen viele gegen einfache finanzielle und gesundheitliche Grundprinzipien – und bringen sich dadurch zusätzlich in die Klemme. Deshalb sollten Sie auf diese drei Punkte achten:

   • Geben Sie nie mehr aus, als Sie einnehmen. Wenn Sie auf Schulden sitzen, ist es höchste Zeit für Gegenmaßnahmen. Wenn Sie bereits in Schulden zu ertrinken drohen, ist es allerhöchste Zeit für eine seriöse Schuldnerberatung (z. B. Verbraucherzentrale).

   • Vorsorge treffen. (Noch die meisten Großeltern wussten: „Spare in der Zeit, dann hast du in der Not.")

   • Suchtprävention betreiben und maximal nur in homöopathischen Dosen Alkohol genießen (damit werden Sie die Sorgen nicht los). Seien Sie paradox: Freiheit liegt im Maßhalten, Stärke im Verzicht. Francis Scott Fitzgerald, der Autor des weltbekannten Romans *Der große Gatsby*, war ein berüchtigter Trinker, er wurde nur 44 Jahre alt. Der Star der Literaturszene in den 1920-er Jahren endete verschuldet und verbittert in Los Angeles. Im Jahr 1940 lag ein ausgezehrter Leichnam mit faltigen Händen im Sarg.

Wo Schatten ist, da ist auch Licht: Nehmen Sie bewusst auch positive Signale wahr. Ein afrikanisches Sprichwort lautet: „Wende dein Gesicht der Sonne zu, dann lässt du die Schatten hinter dir." Ein Beispiel: Seit 2010 schlägt wieder die Stunde der älteren Mitarbeiter. Warum? Dann erwarten Wissenschaftler eine massive Zunahme der über 50-Jährigen. Nach Berechnungen des Münchner Instituts für Sozialwissenschaftliche Forschung (ISF) hat dies vor allem demographische Gründe: sinkende Geburtenraten bei gleichzeitig steigender Lebenserwartung. Dadurch steigt bis zum Jahr 2015 der Anteil der über 50-jährigen Erwerbspersonen von heute 23 auf 33 Prozent – mit einer besonders deutlichen Zunahme ab 2008.

Wende dein Gesicht der Sonne zu ...

Bis zum Jahr 2050 wird die Zahl der potenziellen Erwerbspersonen von derzeit rund 42 Millionen auf knapp 30 Millionen nach einer Prognose des Instituts der deutschen Wirtschaft in Köln zurückgehen; die Zahl der Akademiker und Meister als Besserqualifizierte wird um fast 2 Millionen auf etwa 8,9 Millionen sinken. Mit anderen Worten: Fachkräfte werden nach der mittlerweile schon mehrjährigen Dürreperiode wieder dringend benötigt – auch schon vor 2050.

Und so gehen Sie weiter vor

❏ Drücken Sie die „Reset"-Taste: Versuchen Sie, sich eine positive Grundhaltung zu bewahren und es mit Dale Carnegie, dem optimistischen US-amerikanischen Bestsellerautor (*Sorge dich nicht, lebe*), zu halten: „Wenn das Schicksal dir Zitronen gibt, dann mache Zitronenlimonade daraus."

Sorge dich nicht, lebe!

❏ Überwintern Sie: „Nur durch den Winter wird der Lenz errungen" (Gottfried Keller). Und denken Sie an Ebbe und Flut – Zeiten ändern sich: Zu Kolonialzeiten wurden Krebse

Hummer – nicht mehr als zweimal in der Woche

Wichtige Informationen

Schonkost

mit der Hand aus dem flachen Wasser gesammelt. Bedienstete in Neu-England setzten damals eine Klausel im Arbeitsvertrag durch, nach der ihnen nicht mehr als zweimal in der Woche Hummer vorgesetzt werden durfte. Erst seit dem Zweiten Weltkrieg ist der Lobster ein Luxusartikel.

❏ Bleiben Sie informiert (s. Kapitel 9 und 10): Branchen-Newsletter (Wie wird die Arbeitsmarktsituation geschildert?), Stellenanzeigen (Wie gefragt ist Ihre Qualifikation?), Jobangebote per E-Mail regelmäßig zuschicken lassen (= push; Jobportale regelmäßig durchflöhen = pull: z. B. worldwidejobs, jobmonster …), weitere Fachpublikationen durchsehen (Stellenangebote? Welches Profil wird gesucht? Stichwort Weiterqualifizierung, s. Kapitel 4), Kongresse/Tagungen besuchen.

❏ Bleiben Sie realistisch: Das Zeitalter der Bespaßung und Bepamperung ist passé. Sprich: Die Zeiten werden tendenziell rauer, weil die Wirtschaftswunder-Phase mit diesem Jahrtausend zu Ende gegangen ist. Schonkost heißt es deshalb wohl in Zukunft. Wer die Augen davor verschließt, wird trotzdem gesehen. Lassen Sie sich aber bitte nicht von jeder (scheinbaren) Schreckensmeldung aus der Ruhe bringen. Akzeptieren Sie für eine überschaubare Zeit Mehrarbeit – und denken Sie dabei an den US-Präsidenten John F. Kennedy („Frage nicht, was dein Land für dich tun kann, sondern frage lieber, was du für dein Land tun kannst" – wobei Land durch Firma zu ersetzen wäre). Gleichzeitig stellen sich die Fragen: Lassen sich Aufgaben neu priorisieren, weniger Meetings (Anzahl und Dauer) abhalten, eine effektivere Selbstorganisation (s. Kapitel 6) nutzen?

❏ Folgen Sie nicht jedem neuen Trend (Stichwort: Bonanza-Stimmung in der New Economy: www haben einige mit „Wunder werden wahr" verwechselt). Manchmal lohnt es sich, antizyklisch zu handeln. Beispiel Warren Buffet: Die Anlegerlegende hat während des New Economy Hype viel Kritik einstecken müssen, weil er mit Aktienengagements abstinent geblieben ist. Eine Strategie, die sich im Nachhinein ausgezahlt hat: Seit Buffet 1965 das Ruder von Berkshire

Hathaway übernommen hat, ist der Aktienkurs um das 5000-Fache gestiegen. Setzen Sie auf Ausdauer und Geduld. Beispiel Jochen Zeitz: Als der frühere Absolvent der European Business School (EBS) den Sportartikelhersteller Puma 1993 als Vorstandsvorsitzender übernommen hat, war die Marke so ramponiert wie eine unter die Räder gekommene Katze. Mittlerweile hat Zeitz das ehemals altbackene und tief in der Krise steckende Unternehmen zu einem attraktiven Lifestyle-Konzern fit gemacht. **Setzen Sie auf Ausdauer und Geduld**

❏ Welches strategische Unternehmenskonzept passt auf Ihre Persönlichkeit: First to market oder Follow the leader, Me-too oder Nische? Sind Sie ein Saturierter (Konstanz als Lebenskonzept) oder ein Hungriger (Veränderung als Lebenskonzept)? Setzen Sie sich Lebensziele, damit Sie nicht jeder Gefühlsschwankung nachgeben (s. Kapitel 2). Werden Sie zum Akteur – und starren Sie nicht wie das Kaninchen auf die Schlange (und lassen Sie sich nicht hypnotisieren) **Lebensziele**

❏ Nervosität, schlechte Stimmung und Angst können anstecken: Meiden oder ignorieren Sie notorische Schwarzseher (aber nehmen Sie wiederkehrende Warnsignale – insbesondere von realistischen und normalerweise optimistischen Menschen – ernst). Loben Sie andere, wenn Sie schon nicht gelobt werden. Vielleicht lösen Sie einen Dominoeffekt aus. Und merke: Wer lobt, erhöht die Chance, selbst gelobt zu werden. Und lassen Sie sich nicht im Affekt zu einer Torheit hinreißen: Wer einem Arbeitskollegen in den Hintern tritt, muss damit rechnen, fristlos gekündigt zu werden. Auch dann, wenn eine massive Beleidigung durch den Kontrahenten vorausgegangen ist (LAG Frankfurt Az. 6 Sa 169/03). **Lassen Sie sich von Schwarzsehern nicht anstecken!**

❏ Ihr Gehalt soll gekürzt werden. Strategie 1: Versuchen Sie es doch mal mit einer Kompensation: Prestige statt Geld – auch wenn die (Titel-)Beförderung nur auf der Visitenkarte steht. Strategie 2 für Verhandlungsprofis: Versuchen Sie, die Gehaltskürzung an die Bilanzzahlen zu koppeln. Wenn die Gewinnzone wieder erreicht ist, kassieren Sie wieder mehr (eventuell sogar Überkompensation). Strategie 3: Vielleicht lässt sich auch ein Teileintausch – steuerfreie oder -geminderte Extras gegen Gehaltsverzicht – durchsetzen (z. B. Direktversicherung). Merke: Rechtlich sind Änderungskündigungen mit weniger Gehalt normalerweise nur möglich, wenn die Existenz des Unternehmens bedroht ist.

Auszeit

Sollen Sie kurzarbeiten oder auf Zeit aussteigen? Dann müssen Sie argumentieren, dass Kunden, Projekte und Arbeitseifer nicht warten können. Wer sich eine Auszeit leisten kann, sollte sich regelmäßig melden und informieren, um auf dem Laufenden zu bleiben. Außerdem sollten Vereinbarungen über Wiedereinstieg und Sozialleistungen während der Auszeit vereinbart werden (im Zweifelsfall Fachanwalt hinzuziehen; ggf. während Auszeit auch die Fühler nach Alternativen ausstrecken bzw. berufliche Weiterbildung, wenn die eigene fachliche Qualifikation etwas angestaubt ist).

In der Wirtschaft stirbt es sich langsam

❑ Halten Sie Ausschau nach einem Arbeitgeber mit a) relativ sicheren Arbeitsplätzen und b) einem guten, krisenfesten Top-Management. Beispiel BMW: Kaum eine andere Automarke ist in sich so gefestigt wie die weiß-blaue. Wer als Manager durch die harte BMW-Schule gegangen ist, dem öffnen sich auch anderswo leichter die Türen. Oder er hat einen relativ krisensicheren Job als Mitarbeiter. Ein rechtzeitiger Absprung von der bisherigen Unternehmens-Titanic kann den Job retten. Denn: „In der Wirtschaft stirbt es sich langsam", weiß auch Ex-Siemens-Chef Heinrich von Pierer. Nehmen Sie das Beispiel der Wirtschaftswunder-Ikone Grundig: Etliche Wiederbelebungsversuche – über Jahre – konnten das Siechtum nicht verhindern.

Zukunftsbranchen

❑ Welche Branchen haben Zukunft? Denken Sie strategisch. Ein Beispiel: Die Menschen in Deutschland werden immer älter. (Hintergrund: Seit 160 Jahren nimmt die statistische Lebenserwartung in den Industrieländern jährlich um rund drei Monate zu.) Zwar denken Politik und Kassen nur ans Kostensparen. Doch gleichzeitig wächst der Wunsch nach Verjüngung und Verschönerung. Sprich: Der Gesundheitsmarkt dürfte sicherlich (weiter) boomen – insbesondere in dem

Kundensegment finanzkräftige Selbstzahler. Sie brauchen eine fachliche Frischzellenkur: Wann haben Sie sich zuletzt weitergebildet?

Für Ihren Vergleich: Was Beschäftigten im Arbeitsleben wichtig ist:

❏ Gutes Arbeitsklima   93 Prozent
❏ Sichere Beschäftigungsverhältnisse   91 Prozent
❏ Identifikation mit der Arbeit   87 Prozent
❏ Vereinbarkeit von Beruf und Familie   85 Prozent
❏ Eigenverantwortliche Arbeit   84 Prozent
❏ Gutes Unternehmensimage   81 Prozent
❏ Neben Arbeit ausreichend Freizeit   80 Prozent
❏ Hohes Einkommen   79 Prozent

Quelle: Marplan, IW Köln, w&v 31/2003 (Mehrfachnennungen möglich)

Die Befragung offenbart einen deutlichen Widerspruch zwischen Wunsch und Wirklichkeit. Nur wer weiß, was er will und was realistisch ist, entgeht diesem Spagat. Im nächsten Kapitel werden Sie einen tiefen Einblick in Ziele gewinnen, damit Sie Ihr (Berufs-)Leben besser auf die Reihe kriegen. Doch zuvor noch ein paar Buchtipps zum Thema Angst.

Weiterführende Informationen

Bücher:

De Becker, Gavin: *Mut zur Angst*, Fischer 2001
Richter, Horst-Eberhard: *Umgang mit Angst*, Hoffmann und Campe 1992
Wittchen, Hans-Ulrich/Schuster, Peter: *Wenn Angst das Leben lähmt*, Mosaik 1998

2 Ziele – der Sauerstoff des Lebens

Wer alle seine Ziele erreicht, hat sie zu niedrig gewählt.
Herbert von Karajan (1908-1989)

Auf diese Fragen werden Sie Antworten bekommen:

❑ Warum brauche ich Ziele?
❑ Wie setze ich „starke" Ziele?
❑ In welchen Bereichen kann ich individuelle Ziele setzen?
❑ Wie finde und formuliere ich Ziele?
❑ Mit welchen Hilfen kann ich meine Ziele erreichen?

Warum brauche ich Ziele?

Am 25. November 1892 hält Pierre de Coubertin (1863-1937) an der Pariser Universität Sorbonne einen Vortrag. Das Ziel: regelmäßig Sportwettkämpfe unterschiedlicher Disziplinen gemeinsam zu veranstalten. Kein einfaches Unterfangen: „Ich stoße überall auf Zwietracht und verbitterte Auseinandersetzungen zwischen den Verfechtern unterschiedlicher Formen der körperlichen Übung; dieser Zustand scheint das Ergebnis einer übermäßigen Spezialisierung zu sein. Die Turner lehnen die Ringer ab, die Fechter verabscheuen die Radfahrer und die Schützen haben kein gutes Wort für die Tennisspieler übrig." Selbst innerhalb einer Sportart ist man sich nicht grün: „So sind die englischen Fußballspieler der Überzeugung, die Regeln des amerikanischen Fußballs widersprechen dem gesunden Menschenverstand." Die Idee des französischen Barons: Die Teilnahme soll von Rasse, Hautfarbe, Glaubensbekenntnis, gesellschaftlichem Rang und politischer Einstellung unabhängig sein. Im Jahr 1896 finden in Athen die ersten Olympischen Spiele der Neuzeit statt – Pierre de Coubertin ist als Präsident des Internationalen Olympischen Komitees Organisator der Spiele.

Lediglich 5 Prozent unserer Bevölkerung haben sich konkrete Berufs- und Lebensziele gesetzt. Nur 3 Prozent haben diese schriftlich niedergelegt.

Ohne Ziele gibt es keine Entwicklung

Die Letzteren gehören zu denen, deren Erfolg wächst: Sie bleiben nicht stehen, sondern entwickeln sich beruflich und persönlich weiter und sind bemüht, die ständig neuen Herausforderungen anzunehmen. Wie ein Naturprinzip gilt außerdem: Ohne Ziele gibt es keine Entwicklung, ohne persönliche und berufliche Weiterentwicklung werden Sie auf dem Arbeitsmarkt auf Dauer unattraktiv.

Unser Ziel ist, dass Sie mit Zielen erfolgreich im Berufs- und Privatleben die Segel setzen und nicht mehr im Tümpel dahindümpeln. Zunächst die Grundlagen: Ziele brauchen fünf Eigenschaften, um Sie weiterzubringen. Sie müssen **stark** sein:

1. Sie müssen **s**chriftlich festgehalten werden
2. Sie müssen **t**erminiert werden
   Ziele müssen in einen definierten Zeitrahmen eingebunden sein. Wenn Sie sich sagen: „Ich will irgendwann befördert werden!", ist dieses Ziel zu allgemein. Sagen Sie aber: „Ich will in den nächsten zwei bis drei Jahren den Sprung auf die nächste Stufe schaffen", ist das schon wesentlich spezifischer.
3. Sie müssen **a**nspruchsvoll sein
   Ihre Ziele müssen eine echte Herausforderung bilden. Ein Ziel wie „In diesem Jahr will ich die Umsatzzahlen vom letzten Jahr wieder erreichen" ist zwar in einer wirtschaftlich schwierigen Zeit o.k., bietet aber keine Herausforderung, sich selbst und die Firma weiterzuentwickeln.
4. Sie müssen **r**ealistisch (erreichbar) sein
   Wenn Sie in einem Bereich mit einstelligen Zuwachsraten im Vertrieb das Ziel auf über 15 Prozent im nächsten Jahr stecken, ist das in der Regel zu weit von der Wirklichkeit entfernt.
   Zu hoch gesteckte Ziele führen zur Demotivation – „Das schaffe ich nie" (s. auch Kapitel 4).

5. Sie müssen **k**onkret definiert werden

Wenn Sie sich sagen: „Ich will irgendwie beruflich weiterkommen", ist das sehr vage. Sagen Sie aber: „Ich will Abteilungsleiter werden", ist dieses Ziel spezifischer, sprich: einfach konkret.

Jetzt sind Sie gefragt: Fangen Sie an dieser Stelle doch gleich an, sich erste Wochen-, Monats- und Jahresziele zu setzen (jeweils maximal drei für den Start):

Meine Ziele für diese Woche:

1. _____
2. _____
3. _____

Meine Ziele für diesen Monat:

1. _____
2. _____
3. _____

Meine Jahresziele:

1. _____
2. _____
3. _____

Haben Sie etwas eingetragen? O.k., das ist ein guter Schritt für den Beginn, später werden wir die persönliche Zielplanung verfeinern.

Exkurs: Wissenschaft und Ziele

❑ Eine in den USA regelmäßig durchgeführte Langzeitstudie der Harvard-Universität „Werdegang von Studienabgängern über einen sehr langen Zeitraum" zeigt erschreckende Resultate: 83 Prozent der Studienabgänger hatten keine Ziele für ihre Karriere gesetzt. Ihr durchschnittlicher Verdienst wurde als Vergleichsgrundlage herangezogen. 14 Prozent hatten klare Ziele für ihre Karriere, aber nicht schriftlich fixiert. Sie verdienten im Durchschnitt dreimal so viel wie die erste Gruppe (ohne Ziele). 3 Prozent hatten klare Ziele für ihre Karriere und diese schriftlich festgelegt – sie verdienten im Durchschnitt zehnmal so viel.

❑ Eine aktuelle Erhebung der Unternehmensberatung Arthur D. Little in Zusammenarbeit mit dem Bundesverband der Deutschen Industrie (BDI) hat herausgefunden, dass es in den Unternehmen an Zeit und vor allem an Know-how als Grundlage für das Betreiben eines konsequenten Zielmanagements fehlt.

❑ Durchschnittlich muss jeder deutsche Manager pro Jahr 47 Ziele erreichen. Oft genug fehlt bei dieser stattlichen Anzahl nicht nur der Überblick, sondern auch die Priorisierung, weil häufig fast alle Ziele gleich wichtig sein sollen. Die Folge: Desorientierung und Zielverfehlung.

Wer bestimmt bei mir? Das Uhr-Kompass-Prinzip

Der renommierte US-amerikanische Persönlichkeitstrainer und Bestseller-Autor Stephen Covey hat die Art, wie wir uns im Leben orientieren, symbolisch mit zwei Instrumenten verglichen: der Uhr und dem Kompass.

Die Uhr

Die Uhr steht in unserem Alltag für Termine, Zeitdruck, Stress, Deadlines, dringende Aufgaben, Verabredungen, Zeitpläne, Tätigkeiten. Kurz: für das, was wir mit unserer Zeit anfangen, wie wir sie einteilen.

Wenn wir von der Uhr „regiert" werden, bedeutet das den Hang zur Dringlichkeitssucht (hoher Adrenalinpegel, um Aufgaben zu erledigen).

Manche Menschen legen am Wochenende oder im Urlaub ihre Armbanduhr ab, weil sie nach ihrem eigenen inneren Rhythmus leben wollen. Sie wollen frei sein vom Diktat der Termine. Aber ist das Dringliche in unserem Leben auch immer das Wichtige? Denn: Wer bedauert auf dem Sterbebett, dass er nicht abends noch ein bis zwei Stunden mehr im Büro verbracht hat?

In einer späteren Rückschau auf das Leben bekommen manche heute so brutal wichtigen Dinge eine nicht mehr so große Bedeutung zugemessen. Sie sehen, es gibt Wichtigeres, was unser Leben ausmacht: „Because where you're headed is more important than how fast you are going."

Oder frei übersetzt: Die Richtung, in die Sie gehen, ist wichtiger als die Geschwindigkeit, mit der Sie sich bewegen. Wenn Sie sich mit hoher Geschwindigkeit auf das falsche Ziel zubewegen, haben Sie nichts gewonnen.

Die Richtung ist wichtiger als die Geschwindigkeit

Der Kompass

Der Kompass zeigt Ihnen die Richtung, wenn Sie weit entfernte Ziele ansteuern. Er repräsentiert langfristige Ziele, Visionen, Werte, Prinzipien, Lebensphilosophie, Gewissen, Orientierung. Also das, was wir für wirklich wichtig halten, und wie wir unser Leben führen.

Ein starker innerer Kampf entsteht, wenn wir die Kluft zwischen der „Uhr" und dem „Kompass" spüren, wenn unser hektischer Alltag nichts zu den wichtigen und wesentlichen Dingen in unserem Leben beiträgt.

Uhr	gegenüber	Kompass
Fachwissen		Charakter
Wissen		Weisheit
Machen		Sein
Sand		Säule
Ziel		Vision

In der folgenden Übung werden Sie Ihren „Lebenskompass" ausrichten und sich auf die Ihnen wichtigen Ziele zubewegen. Konzentrieren Sie sich dabei besonders auf Ihre Stärken. Wenn Sie sich auf das konzentrieren, was Sie am besten oder besser als andere können, und das mit Leidenschaft tun, können Sie Ihren Erfolg quasi gar nicht mehr verhindern.
So, wie ein Unternehmen seine Mitarbeiter dazu bewegt, klare Ziele zu setzen und zu erreichen (übrigens werden leider oft die Ziele nur einseitig von oben vorgegeben), setzen Sie Ihre persönlichen Ziele und verfolgen sie mit Ihrem gesamten Engagement.

Persönliche Zielplanung mit System

In der linken Spalte der folgenden Übung finden Sie Lebensbereiche, die Ihnen zur Fokussierung dienen. In der Mitte wurden dazu Fragen formuliert, welche die Lebensbereiche konkreter beleuchten.
In die rechte Spalte tragen Sie bitte Ihre Ziele ein. Bitte nennen Sie auch eine Jahreszahl. Damit wird Ihre Zielplanung konkret. Indem Sie es aufschreiben, legen Sie sich fest. Diese Ziele werden

verbindlich und Ihr Unterbewusstsein wird Sie bei der Erreichung dieser Ziele unterstützen.

Vieles von dem, was Ihnen gleich zu den verschiedenen Bereichen einfällt, ist nichts gänzlich Neues. Es hat bereits in Ihrem „Hinterkopf" existiert, allerdings mehr nach dem Motto „Man müsste … man sollte". Aber daraus wird in der Regel nichts. Es ist wie der alljährliche gute Vorsatz, den Sie in der Silvesternacht gefasst haben. Meist war er bereits am 2. Januar wieder vergessen.

Starten Sie spontan und locker: Es kommt nicht auf die perfekte Formulierung an, sondern auf den Inhalt. Es können auch Stichworte sein.

Lebensbereiche	Fragen, die Sie weiterbringen	Meine Ziele für 20_ bis 20_
1. Größere Lebensveränderungen	Welche Situation in meinem Leben will ich ändern?	_____ _____ _____
	Was muss ich dafür tun? Welche Probleme können auftreten?	_____ _____ _____
	Was hat mich schon immer fasziniert – zu dem ich bisher keinen Mut hatte?	_____ _____ _____
2. Meine Vorlieben, Fähigkeiten und Neigungen	Was mache ich besonders gern?	_____ _____

Welche Fähig-
keiten haben an-
dere Menschen bei
mir entdeckt?

Wie könnte ich
diese Fähigkeiten
verstärken?

Was mache ich be-
sonders ungern?

Was fällt mir
schwer?

Wie könnte ich
diese Aufgabe
oder meine Ein-
stellung dazu ver-
ändern?

**3. Gesundheit /
Fitness**

Gesundheit be-
deutet mehr als die
Abwesenheit von
Krankheit.
Hand aufs Herz:
Wie ist mein mo-
mentaner Stand?

Welche Stressaus-
wirkungen beob-
achte ich?

Habe ich genü-
gend Bewegung?

Ist meine Ernäh-
rung ausgewogen?

	Welche Ursachen haben welche Wirkung?	_____ _____ _____
	Was kann und werde ich ändern?	_____ _____
4. Ehe, Partnerschaft, Familie	Welche Ziele habe ich für meine Ehe/Partnerschaft? (kurz-, mittel- und langfristig)	_____ _____ _____ _____ _____
	Welche Ziele habe ich für die Förderung und Beziehung zu meinen Kindern?	_____ _____ _____ _____ _____
	Welche Reibungspunkte will ich abbauen?	_____ _____ _____
	Welche gemeinsamen Aktivitäten (Hobbys) will ich starten oder verstärken?	_____ _____ _____ _____ _____
5. Erholung und Freizeit	Was will ich für meine Entspannung tun?	_____ _____ _____
	Wo und wie will ich mich regenerieren?	_____ _____ _____
	Was tue ich besonders gern?	_____ _____

6. Finanzen / Geld	Geplante An- schaffungen: Welche finanziel- len Ziele habe ich?	_____ _____
	Welche Sicherhei- ten fürs Alter muss ich noch schaffen?	_____ _____ _____
	Wie viel kann/will ich sparen?	_____ _____
7. Persönliche Weiterbildung	Wo und wie will ich mich weiter- bilden?	_____ _____ _____
	Welche innerbe- trieblichen Kurse werde ich bele- gen?	_____ _____ _____
	Was will ich ler- nen?	_____ _____
	Welche externen Möglichkeiten der Weiterbildung (Studium etc.) will ich starten?	_____ _____ _____ _____
8. Beruf / Aufgabe	Welche berufli- chen Ziele habe ich in 20_, 20_?	_____ _____
	Welche Hierar- chiestufe will ich lang- und mittel- fristig erreichen?	_____ _____ _____

Welche Probleme
muss ich lösen? _____
Wer kann mich _____
dabei unterstüt- _____
zen? _____

Was will ich unter- _____
nehmen, damit das _____
Team, in dem ich _____
arbeite, noch er- _____
folgreicher ist? _____

Mit wem werde _____
ich noch besser _____
zusammenarbei- _____
ten? _____

Welche Projekte _____
will ich realisie- _____
ren? _____

Was nehme ich _____
mir noch vor? _____

Nachdem Sie Ihre Ziele formuliert haben, lehnen Sie sich für einen Moment locker zurück. Was kann Ihnen diese vorangegangene Arbeit bringen? Wie sollen Sie damit weiter verfahren? Sie können die Wirkung der Ziele in Ihrem Unterbewusstsein noch verstärken, indem Sie sich über das Erreichen des Ziels ein geistiges Bild machen. Was, glauben Sie, denkt ein Spitzensportler vor einem Wettkampf? An seinen nächsten Urlaub?

Nehmen wir einen 100-Meter-Läufer vor dem Start. In den letzten Minuten wird er sich mit Sicherheit darauf konzentrieren, optimal aus den Startblöcken zu kommen, und sich als Ziel ein inneres Bild machen, wie er am Ende des Laufs als Erster durchs Ziel läuft. Alle anderen sind in seiner Vorstellung hinter ihm. Das ist sein konkretes Ziel, womit die tiefsten Kraftreserven in seinem Unterbewusstsein mobilisiert werden.

Jetzt können Sie Ihre Fantasie spielen lassen: Stellen Sie sich jeweils ein Bild von der Erreichung Ihrer soeben gesetzten Ziele vor.

Beispiel: Angenommen Sie wollen in den nächsten drei Jahren eine Hierarchiestufe höher steigen. Ihr Bild könnte das neue Büro mit Ihrem Namensschild und Titel oder die Beförderungsfeier mit den (neuen) Mitarbeitern sein.

Dranbleiben wie ein Sportler: Meine Zukunft plane ich heute!

Schauen Sie sich alle ein bis zwei Monate ihre Zielplanung an. (Nicht im Schreibtisch verschwinden lassen!) Stellen Sie sich bitte folgende Fragen zur Selbstkontrolle:

❏ Was habe ich in diesem Monat getan, um meinen wichtigsten Zielen näher zu kommen?
❏ Was habe ich getan, um meine persönlichen Stärken auszubauen?
❏ Was habe ich getan, um meine persönlichen Schwächen abzubauen?

Ziele konkret formulieren

Ergänzen Sie ein- bis zweimal im Jahr Ihre Ziele, denn Ihr Leben ändert sich. Neue Herausforderungen und Aufgaben sind entstanden. Sie haben vorher gesetzte Ziele erreicht. Jetzt ist es wichtig, neue Ziele zu finden und zu formulieren. Nochmals: Es ist wichtig, dass Sie Ihre Ziele konkret benennen.

An dieser Stelle können wir von Spitzensportlern lernen. Keiner von ihnen hat seine Erfolge geschafft, ohne sich oft Jahre vorher konkrete Ziele zu setzen. Ob Boris Becker oder Steffi Graf – die Weltrangliste blieb immer im Blick. Auch die Formel 1-Rennfahrer-Brüder Ralf und Michael Schumacher luchsen auf Punkte und Plätze. Beim Golfen schauen die Spitzensportler nicht mehr nur aufs Handicap, sondern auf die Position in der Rangliste.

Ein gutes Beispiel ist der erfolgreichste Golfprofi aus Deutschland: Bernhard Langer:

Rund 25 Jahre ist Langer mittlerweile schon als Profi im Golfgeschäft rund um die Welt tätig. Über 50 Siege bei hochkarätigen Turnieren hat er errungen. Als Weltranglistenzweiter wurde seine konstante Leistung in den 1990er-Jahren honoriert. Auch heute noch gilt es als einer der besten und konstantesten Spieler. Einen besonderen Höhepunkt seiner Karriere bildete der haushohe Sieg des europäischen Ryders Cup Teams 2004 im amerikanischen Bloomfield Hills mit Bernhard Langer als Kapitän über die favorisierten US-Golfer. Für Langer, den Sohn eines Maurers aus Anhausen bei Augsburg in Bayern, gab es von Kind auf nur ein Ziel: Golfprofi zu werden. Im Alter von 11 Jahren begann er als Caddie. Mit 15 wurde er Golflehrer, mit 17 gewann er die nationale Meisterschaft und so ging es bis zum heutigen Tage – trotz Rückschlägen – bergauf. „Bernhard überlässt nichts dem Zufall. Er ist unheimlich gut organisiert und strukturiert", weiß der irische Profigolfer Paul McGinley. Es kursiert unter Kollegen und Caddies eine Anekdote, die dies verdeutlicht: Sie soll sich beim Ryders Cup 1991 in Kiawah Island zugetragen haben. Damals habe Langer seinen Partner Colin Montgomerie gebeten, ihm die Entfernung von einem der Sprinklerköpfe auf dem Platz bis zur Fahne mitzuteilen. Montgomerie antwortete „192 Yards", und Langer soll entgegnet haben: „Vom vorderen oder hinteren Rand des Sprinklerkopfes?" Wenn Langer diese Geschichte hört, muss er schmunzeln: „Ein Sprinklerkopf ist rund 15 Zentimeter im Durchmesser. Niemand auf der Welt kann den Ball so genau schlagen. Colin oder sein Caddie haben die Geschichte gut gefunden und verbreitet. Wir Deutschen sind präzise, aber nicht so präzise."

Auch wenn die Geschichte erfunden sein sollte, drückt sie doch viel über Zielstrebigkeit, Präzision, Fleiß, Sorgfalt und Liebe zum Detail eines Bernhard Langer aus. Dabei hat er seine privaten Ziele nie den beruflichen geopfert und gilt auch als „erfolgreicher Ehemann und Familienvater". Vielleicht ist er gerade deshalb über so lange Strecken konstant erfolgreich geblieben. Sie heißen und sind nicht Bernhard Langer, doch Sie können sicher etwas besser als er. Deshalb das erste Ziel: Setzen Sie sich Ziele – am besten noch heute. Was hindert Sie daran?

Weiterführende Informationen

Bücher:

Covey, Stephen R.: *Die sieben Wege zur Effektivität*, Heyne 2000

Mayer, Jeffrey J.: *Machen Sie Ihre Träume wahr*, mvgVerlag 2000

Peale, Norman V.: *Die Kraft des positiven Denkens*, Lübbe 2002

Peale, Norman V.: *Was Begeisterung vermag*, Lübbe 1999

Tracy, Brian: *Ziele*, Campus 2004

Hoppla, bin ich das?

Wir leben alle unter dem gleichen Himmel,
aber wir haben nicht alle den gleichen Horizont.
Konrad Adenauer (1876-1967)

Auf diese Fragen werden Sie Antworten bekommen:

❏ Welches sind meine Neigungen und Potenziale?
❏ Was kann ich wirklich gut?
❏ Wo stehe ich mir selbst im Wege?
❏ Wo sind meine Grenzen?
❏ Wie kann ich meine Potenziale fördern?

Sein Pfiff entscheidet über Sieg oder Niederlage. Markus Merk ist einer der profiliertesten Fußballschiedsrichter der Welt. Bei der EM in Portugal 2004 hat er z. B. das Endspiel geleitet. Ein Beispiel für die gelungene Umsetzung erweiterter Selbst(er-)kenntnis ist der Werdegang des erfolgreichen FIFA-Schiedsrichters: Im Originalberuf erfolgreich als Zahnarzt, führte ihn der Frust über die Folgen diverser Gesundheitsreformen (Stichwort: Bürokratie) zu der Frage: Was liegt mir auch? Welche anderen Neigungen und Talente stecken in mir? Er hat es gefunden: Ehrenamtlich engagiert er sich für soziale Aufgaben (Stichwort: Indienhilfe Kaiserslautern) und sein neuer Hauptberuf ist: Motivationstrainer.

Die Frage nach Ihren persönlichen Neigungen (Präferenzen) führt Sie in Bereiche, in denen Sie – auch – erfolgreich werden können. Leider kennen die wenigsten Menschen ihre spezifischen Stärken und Schwächen. In Deutschland gibt es keine ausgeprägte Feedback-Kultur. Selbst- und Fremdbild klaffen oft meilenweit auseinander. Nur wenn Sie sich selber besser kennen, können Sie den Hebel an der richtigen Stelle ansetzen und erfolgreich(er) sein. Schlummernde Talente können Sie über Typologien herausfinden. Wo unsere Neigungen liegen, sind unsere Stärken. Außerdem: Nur wer weiß, wer er selbst ist, kann auch andere erkennen. Auch deshalb ist Selbsterkenntnis so wichtig.

Je besser Sie sich selbst kennen, umso gezielter können Sie Ihre eigene Persönlichkeit und Ihre Kompetenz im Job weiterentwickeln.

Doch wie gut kennen Sie sich eigentlich? Die wenigsten Menschen haben sich bisher Zeit genommen, sich selber mit ihren Stärken und Schwächen auseinanderzusetzen. Dabei lohnt es sich, Sie werden es gleich selbst feststellen. Und Sie müssen dafür nicht einmal Psychologe sein.

Wie gut kennen Sie sich selbst?

Was leisten Typologien?

Zunächst ist es sinnvoll, sich kurz mit dem Begriff Typologie zu beschäftigen. Mithilfe von Typologien können Sie:

❏ Muster in Ihrem und dem Verhalten anderer erkennen
❏ Neigungen (Präferenzen) identifizieren
❏ Herausfinden, warum ihnen etwas Freude im Job macht und leicht fällt
❏ Herausfinden, warum Ihnen etwas keinen Spaß macht und schwerfällt
❏ Ihre Entwicklungspotenziale erkennen

Was sind Neigungen?

❏ Neigungen bleiben lebenslang nahezu unverändert.
❏ Sie entwickeln sich sehr früh im Leben.
❏ Neigungen „diktieren" unser Verhalten.
❏ Neigungen geben den Ausschlag, was Sie befriedigt oder frustriert.

Exkurs: Wissenschaft und Typologie

Allein in den USA werden nach Angaben des *manager magazin* rund 400 verschiedene professionelle Typologien im Personal- und Managementtraining eingesetzt. Diese Instrumente haben sehr unterschiedliche wissenschaftliche Hintergründe. Hier drei Beispiele:

❑ Die Typologie von Fritz Riemann stammt aus der psychopathologischen Forschung, die sich auf Phänomene der Angst konzentriert hat.
❑ Der wissenschaftliche Hintergrund des H.D.I.® (Herrmann Dominanz Instrument) ist die moderne Gehirnforschung mit der Unterteilung in zwei Gehirnhälften (Hemisphären).
❑ Der Ursprung des MBTI® (Meyers-Briggs-Typenindikator) ist die Typenlehre der Tiefenpsychologie von Carl Gustav Jung.

Bereits im antiken Griechenland entwarf Empedokles eine Lehre von den vier Temperamenten, die Hippokrates in die Medizin übertragen hat. Beide gingen von der Theorie aus, dass vier der bis dahin bekannten Körperflüssigkeiten in jedem Menschen tendenziell unterschiedliche Übergewichte aufweisen.
Dadurch ergaben sich die vier folgenden Temperamente, die weit verbreitet sind:

1. Sanguiniker (Blut): leidenschaftlich, eifrig, fröhlich.
2. Choleriker (gelbe Galle): wütend, übellaunig, reizbar.
3. Phlegmatiker (Schleim): schwerfällig, ruhig, selbstbeherrscht.
4. Melancholiker (schwarze Galle): betrübt, düster, deprimiert.

Bis heute versuchen wir in bestimmten Situationen, menschliche Verhaltensweisen nach dieser Typologie zu beschreiben. Heutzutage reicht diese Einstufung aber nicht mehr aus, deshalb greifen wir auf eine andere Typologie zurück. Im ersten Kapitel ging es um Ängste, die jeden Menschen in der Arbeits- und

Privatwelt befallen können. Der Psychoanalytiker Fritz Riemann sah die Angst als ein bestimmendes Element an, das unser Leben einschränken oder gar verkrümmen oder auch zur Blüte und Reife bringen kann. Sein Werk *Die Grundformen der Angst* hat eine für Laien verständliche Typologie entworfen, die Ihnen wertvolle Hilfen geben kann.

Was für ein Typ bin ich?

Bei diesem Test geht es in erster Linie um Ihre Bedürfnisse und Ängste. Deshalb ist es wichtig, dass Sie nicht nur aus einer momentanen Gefühlslage heraus ankreuzen, sondern überprüfen, ob dies auch für einen längeren Zeitraum Ihres Lebens zutreffend ist. Bei einigen Aussagen wird es Ihnen vielleicht schwer fallen, eine eindeutige Antwort zu geben. Stellen Sie sich dann „Ja" oder „Nein" als Tendenz vor: Was trifft meist bzw. eher zu? Gehen Sie bitte alle 48 Punkte nacheinander durch.

Übrigens, es kann sich auch lohnen, dass jemand, der Sie gut kennt, den Test ebenfalls ausfüllt, damit Sie eine Selbst- und Fremdeinschätzung haben.

	Ja	Nein
1. Auf andere Menschen wirke ich oft unnahbar.	❏	❏
2. Sentimentale Äußerungen sind mir zuwider.	❏	❏
3. Ich mag es nicht, wenn Menschen mir zu nahe kommen.	❏	❏

4. Ironisch-sarkastische Äußerungen sind im passenden Moment durchaus Bestandteil meines Kommunikationsstiles. ❏ ❏

5. Ich besitze genügend Durchsetzungskraft. ❏ ❏

6. Ich beobachte andere Menschen sehr genau, kann mich meist mühelos auf sie einstellen. ❏ ❏

7. Ich vertrete meine Überzeugungen klar und kompromisslos. ❏ ❏

8. Kritik verunsichert mich nicht. ❏ ❏

9. Ich weiß selbst sehr genau, was gut für mich ist. ❏ ❏

10. Unabhängigkeit, insbesondere von Menschen, ist durchaus als positiv zu bewerten. ❏ ❏

11. Emotionale Äußerungen finde ich in den allermeisten Fällen unpassend. ❏ ❏

12. Wenn jemand meine Grenzen überschreitet, kann ich mit eiskaltem Zorn reagieren. ❏ ❏

13. Ich bin von mir wenig überzeugt. ❏ ❏

14. Ich kann nicht Nein sagen. ❏ ❏

15. Ich richte mich oft in erster Linie nach den Wünschen und Erwartungen meiner Umwelt. ❏ ❏

16. Bei Schwierigkeiten oder bedrohlichen Situationen kann ich durchaus mit einer Vogel-Strauß-Mentalität reagieren. ❏ ❏

17. Streit kann ich nur sehr schwer ertragen. ❏ ❏

18. Ich gebe mehr, als ich zurückbekomme. ❏ ❏

19. Ich bin von anderen Menschen abhängig. ❏ ❏

20. Ich bin nicht gern allein. ❏ ❏

21. Wenn ich gebraucht werde, helfe ich gern. ❏ ❏

22. Meine Eltern haben mir nie viel zugetraut. ❏ ❏

23. Ich kann mich leicht zurücknehmen. ❏ ❏

24. Ich bin nicht besonders anspruchsvoll. ❏ ❏

25. Ich bin sehr zuverlässig und beständig. ❏ ❏

26. Unerwartete Veränderungen, sei es beruflich oder privat, lösen eher Unbehagen aus. ❏ ❏

27. Bei Anschaffungen überlege ich vorher genau, bevor ich mich zum Kauf entscheide. ❏ ❏

28. Ich behandle Geldangelegenheiten mit Sorgfalt und Sicherheit ist dabei wichtiger als Risiko. ❏ ❏

29. Ich erledige meine Aufgaben korrekt und zuverlässig. ❏ ❏

30. Ich plane gern detailliert Zukünftiges, sei es beruflicher oder privater Natur. ❏ ❏

31. Wenn ich mir eine Meinung gebildet habe, bleibe ich auch dabei. ❏ ❏

32. Ordnung ist mir wichtig. ❏ ❏

33. Ich bin geduldig. ❏ ❏

34. Ich würde mich als verantwortungsbewusst beschreiben. ❏ ❏

35. Es fällt mir eher schwer, Entscheidungen zu treffen; in jedem Fall ist eine genaue Überlegung im Vorfeld wichtig. ❑ ❑

36. Ich wirke auf andere ruhig und kontrolliert. ❑ ❑

37. Freiheit ist mir persönlich sehr wichtig. ❑ ❑

38. Veränderungen im beruflichen und privaten Bereich beflügeln mich. ❑ ❑

39. Ich bin lebhaft und spontan. ❑ ❑

40. Auf Partys stehe ich gern im Mittelpunkt. ❑ ❑

41. Traditionen und Konzepte können mich leicht einengen. ❑ ❑

42. Wenn ich mich für eine Sache begeistere, zeige ich dies gern. ❑ ❑

43. Wenn es nicht unbedingt notwendig ist, vermeide ich Wiederholungen. ❑ ❑

44. Es fällt mir leicht, mit fremden Menschen Kontakt aufzunehmen. ❑ ❑

45. Ich habe oft Stimmungsschwankungen, die von zu Tode betrübt bis zu himmelhoch jauchzend reichen. ❑ ❑

46. Ich lebe gern im Hier und Jetzt. ❑ ❑

47. Ich verliebe mich schnell (in Personen). ❑ ❑

48. Es fällt mir schwer, ausdauernd und konzentriert an einer Sache dranzubleiben. ❑ ❑

Auswertung: Addieren Sie bitte nur Ihre „**Ja**"-Antworten pro Aussagenblock. Dann erhalten Sie vier Zahlenwerte, die den vier Grundtypen zugeordnet werden.

Aussage-Nr.	Summe	Ergebnis Grundtypen
Aussagenblock 1 - 12		→ Typ 1
Aussagenblock 13 - 24		→ Typ 2
Aussagenblock 25 - 36		→ Typ 3
Aussagenblock 37 - 48		→ Typ 4

Der Typ (oder die Typen), bei dem (denen) Sie die meisten „Ja"-Antworten haben, entspricht Ihrer(n) stärksten Grundbestrebung(en).

Übertragen Sie jetzt Ihr Ergebnis in die folgende Skala und verbinden Sie die vier Skalenwerte durch eine Gerade, sodass ein Viereck entsteht (wenn in einem Aussagenblock kein „Ja" angekreuzt wurde, entsteht ein Dreieck, was aber sehr selten vorkommt).

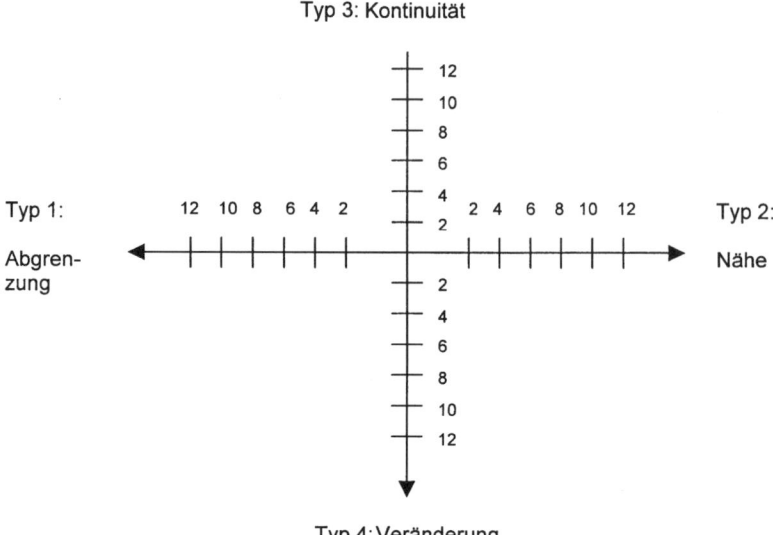

Typ 3: Kontinuität

Typ 1: Abgrenzung ← → Typ 2: Nähe

Typ 4: Veränderung

Wir Menschen sind natürlich nicht einseitig nur auf einen Typus ausgerichtet, sondern tragen eine Mischung von allen Typen und damit auch den dazugehörigen Bestrebungen in uns. Allerdings hat jeder von uns einen unterschiedlichen Schwerpunkt.

Beispiel: Jemand hat eine Kombination von 8 beim Bedürfnis nach Abgrenzung und 4 beim Bedürfnis nach Nähe. Damit liegt sein Schwerpunkt auf Abgrenzung, was nicht bedeutet, dass er Nähe grundsätzlich ablehnt.

Wie „ticken" Sie? Wenn Ihnen Ihre Grundbedürfnisse bewusst sind, haben Sie ein besseres Verständnis, wie Sie „ticken", und können Ihre eigenen Reaktionen auf bestimmte Situationen ganz anders einordnen. Wichtig ist, dass Sie die unterschiedlichen Typen nicht in „gut" und „schlecht" kategorisieren, sondern sie als anders und dabei neutral bewerten. Es gibt hier auch kein oben und unten, sondern alle Typen bewegen sich auf der gleichen Ebene. Diese Typologie hilft Ihnen, nicht nur sich selbst, sondern z. B. auch das Verhalten von Kollegen und Chefs besser zu verstehen, und Sie werden nicht mehr alles auf sich persönlich beziehen. Sie lernen zu akzeptieren, dass jeder Mensch unterschiedliche Bedürfnisse hat. Wenn Sie die Tendenzen dieser Bedürfnisse kennen, können sie z. B. in Verhandlungen anders mit dem Gegenüber umgehen. Das wird die Atmosphäre und das Ergebnis in jedem Fall positiv beeinflussen.

Jeder Mensch hat Ängste. Manche mehr, andere weniger. Ängste gehören zu uns Menschen wie der Schweiß zur Arbeit. Fritz Riemann, ein bekannter Tiefenpsychologe, hat diese Ängste genauer untersucht und sie in vier Grundtypen eingeteilt. Dieses Schema hat sich als sehr treffend und hilfreich erwiesen.

Wie wir mit bestimmten Ängsten umgehen, weist nach den Worten von Riemann auf bestimmte Charaktereigenschaften hin. Er beschreibt vier Grundtypen der Angst mit den dazugehörigen Eigenschaften. Für Riemann ist es wichtig, dass seine Grundtypen – wie schon oben einmal erwähnt – nicht als gut oder schlecht klassifiziert werden, sondern alle vier als wichtig und hilfreich fürs Leben.

Die vier Grundformen der Angst nach Riemann

Die Ursache unserer Ängste entspringt laut Riemann der Tatsache, dass das Leben vier Grundforderungen an uns stellt, die jeweils als Gegensatzpaar existieren.

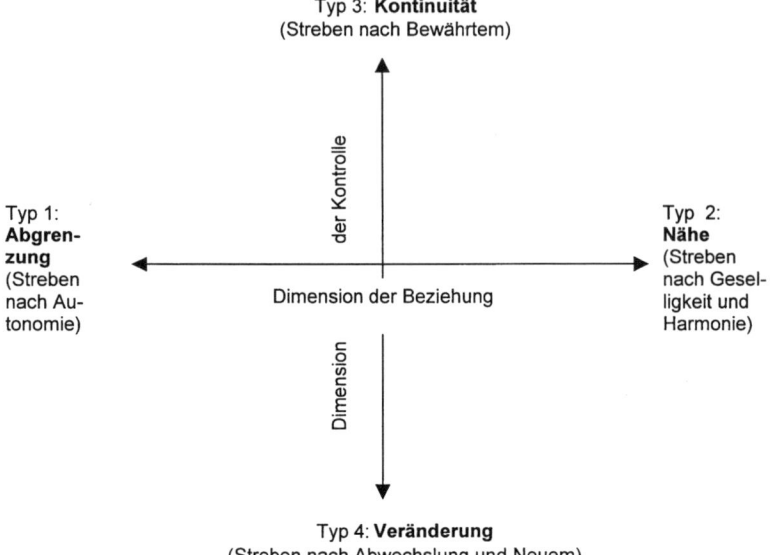

Die vier Grundbestrebungen mit den beiden Gegensatzpaaren sind:

1. Das Streben nach Abgrenzung von anderen
2. Das Streben nach Nähe zu anderen
3. Das Streben nach Kontinuität
4. Das Streben nach Veränderung

❏ Das Gegensatzpaar 1: Sich von der Gemeinschaft distanzieren oder sich in ihr verlieren
   Typ 1: Sie wollen ein unverwechselbares Individuum werden, Ihre Einmaligkeit bejahen und sich auch gegenüber anderen Menschen abgrenzen.
   Typ 2: Sie wollen mit anderen Menschen Gemeinschaft haben, sich ihnen öffnen und sich auf sie einlassen.
❏ Das Gegensatzpaar 2: Neues und Veränderungen begrüßen oder an Gewohntem und Bewährtem festhalten

Typ 3: Sie wollen sich dauerhaft und gewissenhaft mit Aufgaben beschäftigen, Pläne entwickeln und diese zielstrebig und ausdauernd verfolgen.

Typ 4: Sie wollen für Neues aufgeschlossen sein und mit Veränderungen flexibel und interessiert umgehen können. Dabei sind Sie jederzeit bereit, Vertrautes und Gewohntes aufzugeben.

Sie sind in der Regel nicht nur ein Typ. Sie tendieren aber meist mehr in die Richtung von einem oder zwei Typen. Nun werden diese Klassifizierungen mit typischen Berufsbeispielen näher beleuchtet. Bitte bedenken Sie: Ausnahmen bestätigen die Regel. Auch wenn der Test gut ist – er ist kein Dogma.

Typ 1: Der selbstbestimmte, distanzierte Mensch, der Angst hat, sich selbst zu verlieren

Dieser Mensch kreist mit seinen Gefühlen und Gedanken nur um sich. Für diesen Menschentyp ist es sehr wichtig, die Rotation um andere Menschen zu vermeiden. Der klassische Einzelgängertypus ist hier anzutreffen. Die Grundangst dieses „einsamen Steppenwolfs" ist in erster Linie die Angst vor der Selbsthingabe. Wenn er sich anderen Menschen öffnen und intensiv zuwenden soll, fürchtet er, einen Ich-Verlust zu erleben und von anderen abhängig zu werden.

Der einsame Steppenwolf

Beliebte Berufsgruppen sind alle naturwissenschaftlichen Berufe wie z. B. Physiker, Astronom, Mathematiker, Ingenieur und Berufe im IT-Bereich, z. B. Informatiker bzw. Programmierer.

Typ 2: Der gesellige Mensch, der Angst vor der Selbstwerdung hat

Dieser Menschentyp rotiert um andere Menschen so wie die Erde um die Sonne. Dabei liegt das Zentrum der Rotation außerhalb seiner Person. Er versucht um jeden Preis, Rotation um sich selbst zu vermeiden. In Gesellschaft von Menschen fühlt

Angst vor Distanz und Isolierung

er sich pudelwohl. Er vermeidet deshalb, sich mit sich selbst zu beschäftigen, weil er Angst hat, sich dadurch von anderen Menschen zu distanzieren und zu isolieren. Eine gefühlsmäßige Trennung von seiner Umwelt empfindet er als sehr bedrohlich – als Isolation.

Beliebte Berufsgruppen sind alle sozialen Berufe wie z. B. Arzt, Krankenschwester, Psychologe, Pädagoge, Berufe im kirchlichen Bereich (z. B. Pastor, Diakon), Berufe in der Gastronomie (z. B. Kellner).

Typ 3: Der kontrollierte und beherrschte Mensch, der Angst vor der Veränderung hat

Angst vor Neuem und Irrationalem

Er strebt nach allem, was verspricht, dauerhaft bestehen zu bleiben. Es ist ihm sehr wichtig, seine Zukunft detailliert zu planen. So wie die Zentripetalkraft möchte er alles verdichten, damit es sich nicht bewegt. Diese Kraft strebt zur Mitte hin, also nach innen. Wenn es diese Kraft nicht gäbe, würde die Erde auseinanderbrechen. Deshalb ist Stabilität eine wichtige Komponente im beruflichen und privaten Leben. Die Angst dieses Menschentyps bezieht sich auf unvorhergesehene Veränderungen. Alles Neue und auch Irrationale ist ihm zunächst suspekt.

Beliebte Berufsgruppen sind Jobs, die mit Macht und Konstanz zu tun haben wie z. B. Politiker, Juristen, Militärs, kirchliche und staatliche Führungspositionen wie Bischöfe, Beamte im höheren Dienst.

Typ 4: Der erlebnishungrige und spontane Mensch, der Angst vor der Monotonie und Endgültigkeit hat

Menschen dieses Grundtypus begrüßen Neues und Veränderungen in ihrem Leben wie eine neu entdeckte Milchstraße. Die Fliehkraft, das Zentrifugale, ist die Kraft, die nach außen strebt. Wenn es sie nicht gäbe, würde die Erde erstarren. Diesem

Menschentypus fällt es nicht schwer, Vertrautes aufzugeben und alles nur als eine Episode zu durchleben. Das Unbekannte und Neue zieht ihn magisch an. Er steht gern im Mittelpunkt und neigt oft auch zu Theatralik, um Aufmerksamkeit zu bekommen. Angst hat er vor allen Dingen, die zur Erstarrung führen könnten. Ordnung, Strukturen, Notwendigkeiten, Regeln und Festlegungen nimmt er als latente Bedrohung wahr. Sein ausgeprägter Freiheitsdrang wäre dadurch gefährdet.

Angst vor Erstarrung

Beliebte Berufsgruppen sind Schauspieler, Künstler, Jobs in der Bekleidungsbranche (z. B. Modedesigner), Journalisten, Fotografen, Architekten, Berufe in der Gastronomie (z. B. Hotelier, Animateur).

Wir haben Stärken und Schwächen der jeweiligen Typen beleuchtet. Wie sieht es jetzt im Job aus, …

❏ … wenn Sie sich selbst beobachten?
❏ … wenn Sie sich Ihren Chef vorstellen?
❐ … wenn Sie an Ihre Kollegen denken?

Die Verhaltensweisen der „Viererbande" als Chefs und Mitarbeiter

Der selbstbestimmte Mensch als Chef

Kennzeichen:

1. Ist besonders als Chef das Maß aller Dinge.
2. Vermeidet Gefühlsäußerungen und hält Distanz zu den Mitarbeitern.
3. Gibt sich gern kühl, sachlich und objektiv.
4. Kann in schwierigen Situationen aggressiv und arrogant reagieren.
5. Begeistert sich so gut wie nie für eine Sache.

6. Kritik prallt an ihm ab, da er allein weiß, wie es richtig gemacht wird.
7. Besitzt in der Regel ein starkes Selbstwertgefühl.
8. Vertritt seine Überzeugung klar und ohne Kompromisse.
9. Benutzt gern ironisch-sarkastische Äußerungen, um Mitarbeiter zu verunsichern.
10. Kontrolliert und überwacht seine Mitarbeiter mittels starker Beobachtungsgabe.

Der selbstbestimmte Mensch als Mitarbeiter

Kennzeichen:

1. Versucht, unabhängig gegenüber Kollegen zu bleiben.
2. Ist eher aus Berechnung freundlich und vermeidet menschliche Nähe.
3. Legt Wert auf Sachlichkeit und Objektivität.
4. Stellt sich gern auf ein Podest, um dann auf Kollegen herabzuschauen.
5. Zeigt sich nicht gern begeistert.
6. Kritik von Kollegen und Chefs interessiert ihn wenig.
7. Sein Selbstwertgefühl ist stark ausgeprägt.
8. Vertritt seine Überzeugungen kompromisslos.
9. Versucht, durch sarkastische Äußerungen seine Macht auszubauen.
10. Ihm entgeht nichts und er versucht, sich dadurch vor unliebsamen Überraschungen zu schützen.

Der gesellige Mensch als Chef

Kennzeichen:

1. Kann Mitarbeiter in Entscheidungsfindung mit einbeziehen.
2. Vermeidet Konflikte.
3. Geht Schwierigkeiten aus dem Weg und versucht, sie zu ignorieren.
4. Kann sich in Mitarbeiter einfühlen und ist geduldig.

5. Stellt eigene Bedürfnisse nicht an die erste Stelle.
6. Erscheint in schwierigen Situationen manchmal hilflos.
7. Sein Selbstwertgefühl ist eher niedrig.
8. Zeigt sich hilfsbereit.
9. Schmückt sich nicht mit Statussymbolen, sondern lebt eher nach der Devise „Weniger ist mehr".
10. Ist relativ wenig egoistisch.

Der gesellige Mensch als Mitarbeiter

Kennzeichen:

1. Arbeitet gern im Team, ist aber nicht unbedingt sein Leiter.
2. Geht Konflikten lieber aus dem Weg.
3. Steckt bei herannahenden Schwierigkeiten gern den Kopf in den Sand.
4. Geht mit Kollegen selbstlos und geduldig um.
5. Denkt zuerst an andere.
6. Kann in schwierigen Situationen hilflos wirken.
7. Besitzt wenig Selbstwertgefühl.
8. Ist Kollegen gegenüber hilfsbereit.
9. Stellt keine Ansprüche.
10. Ist wenig selbstbezogen.

Der kontrollierte Mensch als Chef

Kennzeichen:

1. Sein Motto lautet: „Das haben wir schon immer so gemacht."
2. Er verlangt präzise Vorausplanung auch von seinen Mitarbeitern.
3. Seine Überzeugungen setzen sich oft aus Vorurteilen zusammen.
4. Neigt zum Perfektionismus und erwartet dies auch von seinen Mitarbeitern.
5. Es fällt ihm schwer, sich richtig festzulegen, da er unsicher ist, ob das Für und Wider präzise genug durchdacht worden ist.

6. An bestimmten Details kann er sich regelrecht aufhängen.
7. Eine getroffene Entscheidung wird selten rückgängig gemacht.
8. Er liebt Ordnung.
9. Risiken versucht er möglichst zu vermeiden.
10. Er handelt verantwortungsbewusst.

Der kontrollierte Mensch als Mitarbeiter

Kennzeichen:

1. Der klassische Beamtenjob mit gleich bleibenden Anforderungen und kündigungssicher liegt ihm sehr.
2. Genaue Planung gibt ihm Sicherheit.
3. Wenn er Urteile über Kollegen gefasst hat, auch wenn es sich um Vorurteile handelt, hält er daran fest.
4. Er arbeitet mit Präzision und Sorgfalt.
5. Er ist unsicher, wenn es darum geht, Entscheidungen treffen zu müssen.
6. Details können ihm so wichtig sein, dass er den Überblick über das Ganze verliert.
7. Er lässt sich in der Regel nicht umstimmen.
8. In seinem Fach besitzt er eine hohe Sachkenntnis.
9. Er ist kein Freund von Abwechslung und liebt gleich bleibende Arbeitsabläufe.
10. Man kann ihm durchaus schwierige Aufgaben übertragen, da sein Handeln verantwortungsbewusst ist.

Der erlebnishungrige Mensch als Chef

Kennzeichen:

1. Er will am liebsten alle alten Zöpfe abschneiden, sein Motto lautet: „Mut zum Risiko."
2. Als Chef möchte er gern von seinen Mitarbeitern als Superstar wahrgenommen werden.
3. Es macht ihm Spaß, neue Dinge auszuprobieren, auch wenn sie noch nicht erprobt sind.

4. Er ist schnell von Menschen und Dingen begeistert und macht leicht Versprechungen, die er dann nicht einhält.
5. Sein Denken und Verhalten kann sprunghaft sein.
6. Er lebt sehr stark im Augenblick.
7. Er geht Dingen nicht auf den Grund, neigt zu Oberflächlichkeit.
8. Das Hier und Jetzt ist für ihn wichtiger als Zukünftiges.
9. Er kann sehr gut mit unerwarteten Situationen umgehen und sich entsprechend darauf einstellen.
10. Mit Mitarbeitern geht er kooperativ und menschlich um.
11. Seine lebhafte und spontane Art bringt Abwechslung in so manche trockene Besprechung.

Der erlebnishungrige Mensch als Mitarbeiter

Kennzeichen:

1. Aufgeschlossen für Neuerungen und Veränderungen im Arbeitsalltag.
2. Vermeidet eintönige Wiederholungen in Arbeitsabläufen.
3. Dramaturgische Begabungen lassen ihn schnell zum Mittelpunkt werden.
4. Um in einem Team produktiv mitzuarbeiten, braucht er unbedingt die Anerkennung der Kollegen.
5. Er ist leicht zu beeinflussen und ist in seiner Meinung nicht festgelegt.
6. Sehr schnell kann er sich veränderten Bedingungen anpassen.
7. Seine Lebhaftigkeit und Sprunghaftigkeit kann von Kollegen anderer Typen leicht als fehlende Kompetenz missverstanden werden.
8. Seine Präsenz bringt Farbe in den oft tristen Arbeitsalltag und hebt die Stimmung.
9. Für ihn zählt der Augenblick und in Bereichen, wo es um Planungen für Zukünftiges geht, ist er eher fehl am Platz.
10. Wenn er von einem Arbeitsvorgang gelangweilt ist, kommt ihm jede Ablenkung recht. Herausragende Leistung bringt er, wenn er von einer Sache fasziniert ist.

Was zeigt Ihnen diese Typologie konkret über Ihre Stärken?

1. _____
2. _____
3. _____
4. _____
5. _____

Was zeigt Ihnen diese Typologie konkret über Ihre Schwächen?

1. _____
2. _____
3. _____
4. _____
5. _____

Was können Sie mit diesem Wissen jetzt konkret tun? In der Trainerbranche – und auch in der Managementlehre – wird eine einfache, aber wirkungsvolle Methode, auch Heuristik genannt, angewendet: Ich werde meine Stärken stärken und meine Schwächen schwächen.

Wenden Sie diese Riemann-Typologie doch auch einmal in Ihrem Freundeskreis an. Sie werden überrascht sein, was dabei herauskommt, und sicher viel Gesprächsstoff haben. Ihre nächste (Pflicht-)Party dürfte – zu 99,9 Prozent – dadurch sicher zu einem Erfolg werden. Dann können Sie das nächste Mal ja statt zu einer Tupper- zu einer Typen-Party einladen.

Weiterführende Informationen

Bücher:

Riemann, Fritz: *Grundformen der Angst*, Reinhardt 2003
Bents, Richard/Blank, Reiner: *M.B.T.I. Eine Dynamische Persönlichkeitstypologie*, Claudius 1992
Seiwert, Lothar J./Gay, Friedbert: *Das 1x1 der Persönlichkeit*, Gräfe & Unzer 2004

4 Motivation und positives Denken

Das Geheimnis des Könnens liegt im Wollen.
Giuseppe Mazzini (1805-1872)

Auf diese Fragen werden Sie Antworten bekommen:

❏ Was ist Motivation?
❏ Wer ist der beste Motivator?
❏ Warum brauche ich Selbstmotivation?
❏ Wie kann ich mich selbst motivieren?
❏ Wie kann ich trotz Frust im Job mit Begeisterung arbeiten?

Was würden Sie tun, wenn Sie 15 Mal etwas versucht haben und es hat immer noch nicht geklappt? Wahrscheinlich aufgeben, so wie 99,9 Prozent der Bevölkerung – wenn Sie nicht schon nach dem zweiten Mal aufgegeben haben. Dann werden Sie es wohl nie zu einem der produktivsten Erfinder der Menschheitsgeschichte schaffen.

Jahrelang hat Thomas Alva Edison (1847-1931) bei seinem Versuch, die Glühlampe zu erfinden, Misserfolg gehabt. Sage und schreibe 1343 Fehlversuche. Seine treuesten Mitarbeiter wollten schon lange alles hinschmeißen – er nicht: „Nun wollt ihr aufgeben, wo wir kurz vor dem Ziel sind. Ihr sagt, wir hatten 1324 Misserfolge. Ich aber sehe nur 1324 erfolglose Versuche, die uns gezeigt haben, dass es so nicht geht, und es bleiben nur noch wenige Möglichkeiten offen – wie könnte ich jetzt aufgeben." Sie ahnen es schon: Der 1344. Versuch brachte die lang ersehnte Erleuchtung. Edison, der nur drei Monate lang regulären Schulunterricht erhalten hatte, war nicht nur ein großer Erfinder (in fünf Jahrzehnten 1083 Patente angemeldet, darunter Phonograph und Filmkamera), sondern auch ein begnadeter Motivator.

Was ist Motivation?

Motivation ist ein ganz besonderer Erfolgsfaktor. Der lateinische Begriff *movere* steht für Antrieb bzw. Beweggrund. In Bewegung kann ich nur etwas setzen, wenn ich Energie zuführe. Motivation ist also der innere Antrieb, etwas zu tun.

Im Berufsleben bedeutet Motivation: die Kunst und die Energie, sich selbst und andere zu führen. Achtung: Mit Motivation ist nicht ein Feigenblatt gemeint – ganz nach dem Motto eines frustrierten Unbekannten: „Als wir den Sinn unserer Arbeit nicht mehr sahen, begannen wir über Motivation zu reden."

Im zweiten Kapitel haben Sie (hoffentlich) Ihre persönlichen Ziele formuliert und damit Ihre Zukunft – so weit wie möglich – selbst in die Hand genommen. Wenn Sie aber nicht „nur" überleben wollen, sondern höhere Ansprüche an Ihr Leben und Ihren Job haben, ist es entscheidend, wie motiviert Sie jeden Tag an die Arbeit gehen.

Denn: Wir Deutschen sind Weltmeister im Kritisieren und Klagen – und auch im Demotivieren. Viele Menschen glauben, dass Motivation und Demotivation von außen kommt. Falsch. Dieses hartnäckige Fehlurteil werden wir gleich auseinandernehmen.

Doch zuvor noch ein rascher Blick auf die jüngste Gallup-Studie „Wie motiviert sind Mitarbeiter in deutschen Unternehmen?".

Gallup-Studie 2011

- 14 Prozent der Arbeitnehmer sind tatsächlich an ihrem Job interessiert
- 63 Prozent machen Dienst nach Vorschrift
- 23 Prozent der Arbeitnehmer haben bereits innerlich gekündigt

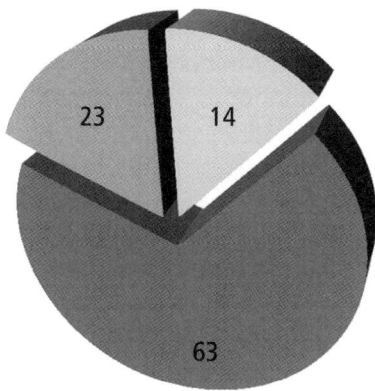

Das Ergebnis ist erschreckend: Fast 90 Prozent der Arbeitnehmer sind unmotiviert am Arbeitsplatz. Zu welcher Gruppe gehören Sie – noch?

Jetzt könnten Sie in diesen Moll-Chor einstimmen und das **Die Opfermentalität** gesamtdeutsche Klagelied verstärken. In unserem Land herrscht leider oft die Meinung vor, dass wir das Produkt unserer Einflüsse sind, dass es uns soooooo (haben wir vielleicht ein „o" vergessen?) schlecht geht, weil die Regierung, die Unternehmer, die Gewerkschaften oder die Umstände unsere Misere verursacht haben. Kurz: Wir verfallen schnell in eine Opfermentalität nach dem Motto „Der andere ist schuld und ich kann nichts dafür".

Oder Sie gehen anders vor – professionell:

❑ Egal, wie schwer Sie es haben, wie schlimm Ihr Chef ist und wie schlimm das Arbeitsumfeld ist, Sie können sich selbst motivieren!

❑ Besinnen Sie sich auf Ihre Stärken; akzeptieren Sie Ihre Schwächen.

❑ Erinnern Sie sich an die Erkenntnis aus Kapitel 3 (Hoppla, bin ich das?): Was mir liegt, mache ich gerne, schnell und mit hoher Qualität.

Seid nett zueinander!

Erwarten Sie nicht, dass andere Sie motivieren oder aufbauen (auch wenn das wünschenswert wäre). Darauf können Sie meist sehr lange warten. Übrigens, kurzer Exkurs: Fangen Sie doch ab heute an, immer mal wieder andere zu loben. Sie werden sehen, wie wohltuend das für den anderen (und für Sie selbst) ist. Das *Hamburger Abendblatt* hat nach dem Zweiten Weltkrieg die Aktion „Seid nett zueinander" gestartet – es wäre mal wieder an der Zeit, dies zu praktizieren. Machen Sie mit?

Dauerhafte Motivation ist Selbstmotivation, d. h., sie muss von Ihnen selbst kommen. „Intrinsisch" nennen das dann die Psychologen. Egal, wie Sie es auch immer nennen wollen: Entzünden Sie Ihr eigenes inneres Feuer. Überlassen Sie Ihr Leben nicht den Umständen, den Umstrukturierungen, den Entlassungswellen der Unternehmen, der Untergangsstimmung der Kollegen. Drehen Sie die Situation um und versuchen Sie, das Beste daraus zu machen.

Aus dem Aldi-Reich:

Die Mutter der beiden reichsten Männer Deutschlands, der Albrecht-Brüder, soll nach dem Krieg zu ihren Söhnen gesagt haben: „Wenn es den anderen schlecht geht, wird es uns gut gehen." Und so kam es auch. Mit einer einfachen Idee wurde eine unglaublich erfolgreiche Einzelhandelsgeschichte geschrieben.

Übernehmen Sie Verantwortung für Ihre eigene Zukunft. Und Sie gehören bald zu den 14 Prozent Motivierten und Erfolgreichen in unserem Land. Übrigens, wenn viele von Ihnen so dächten, fiele die nächste Gallup-Untersuchung sicherlich anders aus.

> Treffen Sie noch heute diese persönliche Entscheidung, dass Sie sich nicht mehr von den Umständen bestimmen lassen, sondern Sie die Umstände bestimmen. Natürlich leben Sie auch weiter in Abhängigkeiten, aber die Freiräume, die sich jetzt ergeben, sind weit größer, als Sie es sich je zu träumen gewagt haben.

Der englischsprachige Buchautor Charles Swindoll hat diese befreiende Erfahrung so formuliert:

Freiräume nutzen

„Je länger ich lebe, desto mehr begreife ich die Wirkung,
die unsere persönliche Einstellung auf das Leben hat.
Persönliche Einstellung ist für mich wichtiger als Tatsachen.
Sie ist wichtiger als die Vergangenheit, als Erziehung, als Geld,
als Umstände, als Erfolge,
als das, was andere Menschen sagen oder tun. Sie ist wichtiger als
Aussehen, Begabung oder Können.
Persönliche Einstellung ist das A und das O für eine Firma,
eine Gemeinde, eine Familie.
Bemerkenswert daran ist, dass wir jeden Tag neu entscheiden
können,
in welcher Einstellung wir dem Tag begegnen wollen.
Wir können unsere Vergangenheit nicht ändern
… wir können auch die Tatsache nicht ändern,
dass Menschen in einer bestimmten Weise handeln werden.
Wir können nur eins tun, auf der einzigen Saite zu spielen, die
wir haben,
und das ist unsere persönliche Einstellung.
Ich bin davon überzeugt, dass mein Leben zu 10 Prozent aus
dem besteht,

was mit mir geschieht,
und zu 90 Prozent aus dem, wie ich darauf reagiere. Das gilt auch
für Dich.
Wir können unsere persönliche Einstellung kontrollieren."

Sie selbst sind verantwortlich für Ihr Leben!

Sie allein können wirklich etwas verändern, wenn Sie es tun!
Tun – und nicht nur mental durchdenken. Spitzenverkäufer sind
geprägt von einer positiven Lebenseinstellung und positivem
Denken. Nicht krampfhaft positiv mit Verlust der Realität.
Niederlagen gehören zum Leben. Die richtige Sicht lässt Fehl-
schläge konstruktiv analysieren und als Anzahlung auf dem Weg
zum nächsten Erfolg bewerten und bietet die Chance, es beim
nächsten Mal besser zu machen. Die richtige Programmierung
geschieht in den 14 Zentimetern zwischen unseren Ohren.
Beginnen Sie einmal damit, Ihre eigenen Motivationsfaktoren zu
analysieren.
Schauen Sie dabei auch auf die Dinge, die Sie demotivieren.

Motivationsanalyse in 12 Punkten

1. Was sehen Sie als persönliche Stärken? _____
_____

2. Wie stark können Sie diese Stärken einbringen? _____
_____

3. Was sehen Sie als Ihre persönlichen Schwächen? _____
_____

4. Was machen Sie besonders gerne? _____
_____

5. Was machen Sie besonders ungern? _____
_____

6. Arbeiten Sie lieber im Team oder alleine?_____
   _____

7. Welches sind Ihre Stärken im Kontakt mit Kunden? _____
   _____

8. Welches sind Ihre Schwächen im Kontakt mit Kunden? _
   _____

9. Welches sind Ihre Stärken im Kontakt mit den Kollegen/
   Mitarbeitern? _____
   _____

10. Befinden Sie sich im Einklang mit Ihren beruflichen Zielen?
    _____

11. Was gefällt Ihnen in Ihrem Unternehmen gut? _____
    _____

12. Was gefällt Ihnen weniger in Ihrem Unternehmen? _____
    _____

Haben wir etwas vergessen? _____
_____

Welches sind Ihre stärksten Motivationsfaktoren?
_____
_____
_____

Welches sind Ihre stärksten Demotivationsfaktoren?
_____
_____
_____

Was können Sie tun, um diese Situation zu verbessern?
_____
_____
_____

Wie können Sie Motivationshindernisse abbauen?
_____
_____
_____

Exkurs: Wissenschaft und Motivation

In der Motivationsforschung existieren verschiedene Motivationsbegriffe:

1. Extrinsische Motivation …
   … besteht aus äußeren Anreizen wie Entlohnung, Macht, Anerkennung, Möglichkeit der Beförderung oder Weiterentwicklung.
2. Intrinsische Motivation …
   … besteht aus inneren Antrieben wie Spaß, Interesse, Lernen aus eigenem Entschluss.
3. Primäre Motivation …
   … ist dem Menschen angeboren und enthält Bedürfnisse wie Hunger, Durst, Licht, Wärme, Schmerzvermeidung.
4. Sekundäre Motivation …
   … ist bedingt durch soziales Lernen und besteht aus dem Bedürfnis nach Anerkennung, Liebe, Sicherheit, sozialer Einbindung.

Es gibt eine Unzahl an Motivationstheorien. Grundsätzlich kann man zwischen Inhalts- und Prozesstheorien unterscheiden. Die Inhalts- oder Bedürfnistheorien fragen nach: Was führt einen Menschen zu einer bestimmten Handlung? Die bekanntesten Vertreter sind Maslow, Murray und Herzberg.
Herzberg unterscheidet in seiner sehr bekannten Zweifaktorentheorie „Satisfaktoren" (Zufriedenmacher oder Motivatonsfaktoren) und „Dissatisfaktoren" (Unzufriedenmacher oder Hygienefaktoren).
Zu den Satisfaktoren gehören:

❏ Anerkennung bei der Arbeit
❏ Interessante, herausfordernde Arbeiten
❏ Persönliche Förderung
❏ Übertragung von Verantwortung
❏ Persönliche Entwicklungsperspektiven

Wenn diese Faktoren eingesetzt werden, steigt die Motivation des Mitarbeiters.

Zu den Dissatisfaktoren zählen:

- Unternehmenspolitik
- Arbeitsrichtlinien
- Soziale Beziehungen zu Vorgesetzten
- Gehalt
- Status

Wenn diese Faktoren zu wenig vorhanden sind, ist der Mitarbeiter demotiviert. Sind sie genügend vorhanden, wird er dadurch allerdings nicht stärker motiviert.

Die Prozesstheorien beschäftigen sich mit den inneren Vorgängen, die zwischen dem Motiv und dem konkreten Handeln bestehen. Sie konzentrieren sich stärker auf kognitive Vorgänge, also alles, was mit dem Verstand erfasst wird.

Internationaler Vergleich: Deutsche Arbeitnehmer haben „vorwiegend eine Freizeitorientierung" und eine „mäßige Leistungsmotivation bei gleichzeitiger Ablehnung großer Anstrengungen". US-Amerikaner dagegen verfügen mehrheitlich über eine „hohe Leistungsmotivation und einen eher allgemein dominant-aggressiven Erfolgs-Egozentrismus", wie der Flensburger Psychologieprofessor Ekkehard Kleiter in einer umfangreichen Studie herausgefunden hat.

Beispiel Helen Keller

Es gibt keine hoffnungslosen Fälle. Nehmen Sie Helen Keller als ein Beispiel für eine einzigartige Selbstmotivation:

Helen Keller (1882-1968) lebte in den Südstaaten der USA, in Alabama: Sie erkrankte mit eineinhalb Jahren an einer Hirnhautentzündung und wurde in der Folge blind und taub. Durch die Hilfe einer jungen Blindenlehrerin lernte sie sprechen, lesen und schreiben. Ihre Selbstmotivation kannte keine Grenzen: Sie wollte mehr erreichen, ermutigte ihr Umfeld, die eigenen Begabungen und nicht die Begrenzungen zu sehen. In den folgenden Jahren graduierte sie am Radcliff College in Alabama und arbeitete als Blindenlehrerin, engagierte sich für die Integration von behinderten Menschen, schrieb Essays und Bücher, hielt weltweit Vorträge. Menschen, die ihr begegneten, waren fasziniert von ihrer Ausstrahlung, Lebensenergie und ihrem Wissensdurst.

Ein berühmter Satz von ihr lautet: „Es hat noch nie ein Pessimist die Geheimnisse der Sterne enträtselt oder sich zu unkartiertem Land aufgemacht."

Mit anderen Worten: Es hat in der Menschheitsgeschichte noch keiner etwas herausragend Neues entdeckt oder geschaffen, der nicht eine positive Grundeinstellung und starke Eigenmotivation hatte. Helen Kellers tiefste Grundeinstellung war trotz ihres schweren Schicksals optimistisch. Sicher kennen Sie den Graf von Monte Christo von Alexandre Dumas. Erinnern Sie sich: Er saß 13 Jahre im Kerker, im Château d'If. Und was hat er gemacht? Sich hängen lassen? Nein, er hat gebuddelt und gebüffelt (Sprachen, Gesellschaftswissen).

Wenn Sie eher pessimistisch veranlagt sind, sollten Sie Folgendes bedenken: Bei einem Pessimisten treffen 80 Prozent seiner negativen Vorahnungen ein. Bei einem Optimisten treffen 80 Prozent seiner positiven Vorahnungen ein.

Wie kann das sein? Verabschieden Sie sich vom Pessimismus – es lohnt sich. Damit es Ihnen leichter fällt, hier noch eine Handvoll Nachteile des Pessimismus:

❑ Pessimisten können schneller depressiv werden.

❑ Statt aktiv zu stimulieren lähmt Pessimismus, wenn es gilt, mit Niederlagen fertig zu werden.

❑ Pessimismus löst negative Gefühle aus, z. B. Hilflosigkeit, Niedergeschlagenheit und Sorgen.

❑ Pessimisten denken und reden das Negative herbei („Selffulfilling Prophecy" – die sich selbst erfüllende Prophezeiung).

❑ Pessimisten geben früher auf. Sie scheitern dadurch häufiger, selbst dann, wenn der Erfolg erreichbar ist.

❑ Pessimismus kann krank machen und Krankheit verlängern.

❑ Pessimisten sind im Wettbewerb mit Optimisten benachteiligt.

❑ Wenn von Pessimisten vorausgesagte Misserfolge eintreten, sind sie deprimierter als die davon ebenso betroffenen Optimisten. Durch ihr pessimistisches Denken machen sie die vorhergesagte Niederlage zur Katastrophe.

Verabschieden Sie sich vom Pessimismus!

Also, es lohnt sich wirklich nicht, Pessimist zu sein. Wenn Sie sich jetzt fragen, wie man diese Haltung ändern kann, gibt es ein einfaches, aber nicht leichtes Konzept. Es beginnt mit einer Entscheidung – Ihrer persönlichen Entscheidung, Optimist zu werden: Der Erfolg macht nicht glücklich, aber der Glückliche ist erfolgreich. Ihre Motivation lebt besonders stark davon, inwieweit Sie Ihre gesteckten Ziele erreicht haben. „Pflege deinen Geist mit großen Gedanken, denn du wirst niemals weiter kommen, als du es dir vorstellen kannst", so hat sich schon der britische Parlamentarier und Premierminister Benjamin Disraeli (1804-1881) selbst motiviert.

Nachhaltiger Erfolg braucht mehr als Motivation. Wenn Sie lange und ausdauernd erfolgreich sein wollen, brauchen Sie dazu den vollen Einsatz Ihrer Willenskraft. Ihre Motivation ist der Wunsch, etwas zu tun. Ihr Wille ist die absolute Entschlossenheit, sich für ein Ziel einzusetzen und es mit Beharrlichkeit bis zu Ende zu verfolgen.

Diese Willenskraft hat zwei Seiten: eine emotionale und eine rationale: Der berühmte französische Autor Antoine de Saint

Exupéry, vielen als Autor des „Kleinen Prinzen" bekannt, hat es schön ausgedrückt: „Wenn du ein Schiff bauen willst, dann trommle nicht Männer zusammen, um die Aufgaben zu vergeben, sondern lehre die Männer die Sehnsucht nach dem weiten endlosen Meer."

Mit Motivation und individuellen Fähigkeiten auf der Erfolgsspur

Motivation wird auch von Ihren besonderen Fähigkeiten beeinflusst. Je stärker Ihr Job Ihren individuellen Fähigkeiten entspricht, …

❏ … umso besser werden Sie Ihre Arbeit ausführen,
❏ … umso leichter wird Ihnen vieles fallen und
❐ … umso lieber werden Sie morgens (oder als Nachtschichtler abends) zur Arbeit gehen.

Viele Vorgesetzte erwarten von ihren Mitarbeitern, dass diese eine bestimmte Funktion in ihrer Abteilung oder im Unternehmen ausfüllen. Keiner fragt danach, ob neben ihrer Qualifikation auch die individuellen Fähigkeiten – also Neigungen – optimal eingesetzt werden.

Der Ich-Schatz Um diesen wertvollen Ich-Schatz zu heben, arbeiten wir in unseren Personal- und Managementseminaren mit professionellen Typologien, durch die spezifische Begabungen (Präferenz) und Fähigkeiten (Kompetenz) von Menschen sichtbar gemacht werden können (s. Kapitel 3). Dazu gehören: H.D.I.® (Herrmann Dominanz Instrument), MBTI® (Meyers-Briggs Typenindikator), Insights Discovery® und DNLA® (Discovery of Natural Latent Abilities). Diese Instrumente bilden eine Grundlage dafür, Mitarbeiter entsprechend ihren Fähigkeiten und nicht nur funktionsorientiert einzusetzen. Ein solches Instrument kann Sie in Ihrem jetzigen Job bestätigen – wenn er zu Ihnen passt – oder auch in-frage stellen, wenn die Übereinstimmung zwischen Fähigkeiten und Tätigkeit zu gering ist.

Übrigens, Präferenz multipliziert mit Ihrem Grad an Ausbildung, Weiterbildung und persönlich erworbenem Know-how ergibt Ihren Grad an Kompetenz. Sie werden nur eine Spitzenkompetenz erlangen, wenn Sie ein hohes Maß an Präferenz in diesem Bereich besitzen. Wie viele Mitarbeiter in Deutschland sind wohl an der falschen Stelle eingesetzt? Wir wissen es nicht statistisch genau – aber wir ahnen Schlimmes.

Ein Beispiel ist ein junger Ingenieur bei einem Automobilhersteller, der im Controlling eingesetzt war. Sein Profil bescheinigte ihm allerdings besondere kreative und innovative Fähigkeiten. Als er die Diskrepanz zwischen seinen Fähigkeiten und seinem Job erkannte, fragte er, welche Schlüsse er daraus ziehen sollte. Sein Trainer fragte zurück: „Wie haben Sie sich denn die vergangenen Monate in Ihrem Job gefühlt?" Seine spontane Antwort war: „Wenn ich ehrlich bin – nicht besonders gut." Nach diesem Gespräch bewarb er sich in der Fahrzeugentwicklung, bekam den Job und ist seit dieser Zeit hoch motiviert. Die aktuelle Arbeit fällt ihm viel leichter als die vorherige. Grund: Sie passt zu seinen individuellen Stärken.

Selbstmotivation ist nicht statisch, sondern lebt von der ständigen Erneuerung. Lassen Sie sich mitnehmen.

Zehn praktische Tipps zur Selbstmotivation

❏ Ruhen Sie sich nicht auf Motivationslorbeeren von gestern aus. Erweitern Sie Ihr Know-how, Ihr Fachwissen, Ihre Kompetenz.

❏ Umgeben Sie sich mit motivierten und motivierenden Menschen. Motivierte Menschen motivieren die, die sie umgeben. Unmotivierte tun dies auch: Sie demotivieren ihre Umgebung. Suchen Sie sich Ihre Freunde genau aus!

❏ Feiern Sie Ihre Erfolge!

❏ Nehmen Sie die Anerkennung und das Lob von anderen an. Genießen Sie es.

❏ Wenn Sie sonst keiner lobt, loben Sie sich selbst! Schauen Sie auf das, was Sie gut gemacht haben.

❏ Verfolgen Sie Ziele (s. Kapitel 2), die Ihnen wirklich wichtig sind und ethische Werte widerspiegeln.

❏ Lassen Sie sich von Ihrer eigenen Begeisterung beflügeln. Erinnern Sie sich an Ihre Jugend. Mit welchem Enthusiasmus haben Sie sich für Ihre Ziele eingesetzt!

❏ Konzentrieren Sie sich auf Ihre spezifischen Begabungen – frei nach dem Motto: Ich werde meine Stärken stärken und meine Schwächen schwächen.

❏ Lassen Sie sich durch Rückschläge nicht entmutigen. Jeder erfolgreiche Mensch hat vor seinen Siegen etliche Niederlagen erlebt.

❏ Ziehen Sie eine Tages-, Wochen-, Monats- und Jahresbilanz: Was ist mir gelungen, was nicht? Worüber kann ich mich besonders freuen? Notieren Sie Positives und Negatives. Überschreiben Sie Negatives mit Positivem. Denn: Lebensfreude setzt neue Energie frei!

Die Quintessenz lautet: In Ihnen stecken alle Chancen, sich jeden Tag neu zu motivieren. Wenn Sie heute Ihren Job mit hoher Motivation machen, sind Sie im eigenen Unternehmen und auf dem Arbeitsmarkt automatisch attraktiver als die meisten Ihrer Kollegen bzw. Mitbewerber.

Weiterführende Informationen

Bücher:

Becker, Henning & Annegret: *Motivation. Neue Wege zum Erfolg*, dtv 1997

Covey, Stephen, R.: *Die effektive Führungspersönlichkeit. Management by Principles*, Campus 1993

Kobjoll, Klaus: *Motivaction. Begeisterung ist übertragbar*, mvgVerlag 2004

Peale, Norman Vincent: *Was Begeisterung vermag. So erreichen Sie alle Ihre Ziele spielend*, Lübbe 1999

Peters, Thomas J./Waterman, Robert H.: *Auf der Suche nach Spitzenleistungen*, Redline Wirtschaft 2004

Sprenger, Reinhard K.: *Das Prinzip Selbstverantwortung. Wege zur Motivation*, Campus 2002

Sprenger, Reinhard K.: *Mythos Motivation. Wege aus einer Sackgasse*, Campus 2002

5 Umgang mit Stress und Burn-out

Es gibt Wichtigeres im Leben, als beständig
dessen Geschwindigkeit zu erhöhen.
Mahatma Gandhi (1869-1948)

Auf diese Fragen werden Sie Antworten bekommen:

❏ Wie entsteht Stress? (Stressursachen)
❏ Wie hängen Stress und Burn-out zusammen?
❏ Was für ein Stresstyp bin ich?
❏ Bin ich gerade kurz vor oder gar schon mitten in einem
  Burn-out? (Selbsttest)
❏ Welche Anti-Stress-Strategien gibt es und wie profitiere ich
  ganz persönlich davon?
❏ Wie gewinne ich wieder eine positive Gesamt(Lebens-)
  Perspektive?
❏ Wie erlerne ich einen positiven Umgang mit Stress?

Ein mächtiges Ding, wie er es selbst ausdrückte, sollte es
werden. Dafür kannte er keine Schonung. In neun Monaten
Sucht aufs Schreiben, in Nachteinsamkeit, trotz Krämpfen,
Koliken und Fieberfrösten schuf er den Wilhelm Tell, ein
Schauspiel in fünf Akten. Im Winter 1804 war Friedrich von
Schiller, für Thomas Mann der fleißigste Dichter, fertig.
Harrison McCain, kanadischer Milliardär und Erfinder der
ofenfertigen Pommes frites, war auch so ein Workaholic,
ständig unterwegs zu seinen Fabriken in Europa, Asien und
den USA. Er schaffte es, innerhalb eines Jahres rund 140
Nächte in seinem Firmenjet zu verbringen.
Sven Hannawald ist der unvergessene König der Lüfte:
Mannschafts-Olympiasieger, viermaliger Weltmeister und
Sieger der 50. Vierschanzentournee 2001/02. Als Erster in der
Geschichte hat er sogar den Grand Slam (alle vier Konkurren-
zen gewonnen) geschafft – und mittlerweile ist er geschafft:
Der einstige Überflieger hat sich ein Burn-out-Syndrom
eingehandelt. Gerade hoch qualifizierte, leistungsstarke Men-
schen wie prominente Hochleistungssportler, Manager, aber
auch Krankenschwestern, Lehrer oder Ärzte sind davon
betroffen – häufig auch Frauen.

Was ist nur los? Nicht nur Prominente sind gestresst, auch schon Kinder im Kindergarten. Und das geht so weiter im Leben – in der Schule, im Beruf (zu viel Arbeit, zu wenig Arbeit, die falsche Arbeit) und sogar noch in Rente: 70 Prozent der Deutschen stehen unter dem Druck, dass sie ihre Aufgaben nicht schaffen, wie die Gesellschaft für Konsumforschung (GfK) ermittelt hat. Fast 40 Prozent wünschen sich, der Tag hätte mehr als 30 Stunden. Welch schreckliche Vorstellung!

Wie hängen Stress und Burn-out zusammen?

Stress und Burn-out werden oft als siamesische Zwillinge betrachtet, häufig auch synonym verwendet. Unter dem englischen Begriff Burn-out versteht man das heftige und rasche Verbrennen in Öfen oder auch das Durchbrennen von Sicherungen. Das bedeutet zugleich: Um ausbrennen zu können, muss man früher einmal Feuer und Flamme gewesen sein. Mit anderen Worten: Der Einzelne war einmal begeisterungs- und leistungsfähig. Kennen Sie das noch – von damals: das Gefühl unbändiger Kraft, verbunden mit dem Wunsch, das Beste zu geben. Kleine Misserfolge und Enttäuschungen wurden damals verdrängt oder umgedeutet.

Wenn die Sicherung durchbrennt

In diesem Zusammenhang muss auch noch Arbeitssucht erwähnt werden: Wer sich in die Arbeit reinhängt, rackert bis zum Umfallen und dabei erfolgreich werkelt, ist gesellschaftlich hoch angesehen. Doch die Droge Arbeitssucht der Überstunden-Champions hat zwangsläufig ihre Nebenwirkungen: Die Arbeit dominiert alle Lebensbereiche, macht zunächst glücklich (Erfolg setzt Endorphine – Glückshormone – frei). Doch wie bei Ikarus, dessen Flügel in der Sonne schmolzen, fällt der Absturz häufig umso tiefer aus: Sie wollen alles und stehen plötzlich vor dem Nichts. Ohne auf die psychologischen Gründe für Arbeitssucht tiefer einzugehen, lässt sich festhalten, dass dahinter häufig

Fluchtmotive (Ehe, Familie, Beziehungen) oder tief sitzende Minderwertigkeitsgefühle („Ich muss mich beweisen") und Annahmedefizite (Lob und Anerkennung) stehen. Arbeitssucht führt in vielen Fällen zu Stress und Burn-out. Spätestens dann, wenn man in seinem Job nicht mehr wertgeschätzt oder – noch schlimmer – gebraucht wird. Allerdings können Stress und Burn-out auch ohne Arbeitssucht entstehen, wenn man nämlich zu wenig oder die falsche Arbeit hat. Professor Harald Traue, Leiter der Gesundheitspsychologie an der Universität Ulm: „Das Burn-out-Risiko ist dann besonders erhöht, wenn die beruflichen Chancen weit hinter den eigenen Fähigkeiten zurückstehen."

Bin ich arbeitssüchtig?

Machen Sie den Selbsttest anhand von 11 Punkten

	Ja	Nein
1. Ich denke sehr oft an die Arbeit (z. B. gleich morgens, wenn ich aufwache, oder abends vor dem Einschlafen)	❏	❏
2. Ich nehme mir öfters Arbeit mit nach Hause.	❏	❏
3. Ich rede häufig davon, wie gestresst ich bin und dass ich brutal viel zu tun habe.	❏	❏
4. Ich arbeite oft bis spät in die Nacht oder auch mal eine Nacht durch.	❏	❏
5. Mein Leben dreht sich vor allem – auch zeitlich – um die Arbeit.	❏	❏
6. Ich ertappe mich, dass mich nur noch das Thema Arbeit fesselt.	❏	❏

7. Ich nehme mir häufig auch in Urlaub und Freizeit Arbeit mit. Einfach nur rumsitzen macht mich nervös, dann arbeite ich lieber was weg.   ❏   ❏

8. Wenn ich wegen der Arbeit später oder gar nicht nach Hause komme, bin ich in der Regel nicht unglücklich.   ❏   ❏

9. Ich arbeite viel, schaffe einiges weg, aber meine Leistung nimmt eher ab.   ❏   ❏

10. Ich fühle mich öfters schlapp.   ❏   ❏

11. Ich kann das Handy nicht abschalten, weil ich ja ständig beruflich erreichbar sein will. ❏   ❏

Wenn Sie mehr als drei Mal „Ja" angekreuzt haben, sollten Sie mal wieder richtig entspannen und Ihren Arbeitseinsatz überprüfen. Handelt es sich gerade um eine Arbeitsspitze oder ist es Dauerzustand? Sollte es ein Dauerzustand sein, schalten Sie Ihr Radar ein und beobachten Sie sich. Es empfiehlt sich auch, diese Aufgabe zusätzlich einem guten Freund oder einer Freundin zu übertragen – diese müssen allerdings die Erlaubnis haben, Ihnen ins Gewissen zu reden.

Wenn Sie mehr als fünf Mal „Ja" angekreuzt haben, sollten Sie sich dringend die „Anti-Stress-Strategien" in diesem Kapitel anschauen und umsetzen. Denn Sie sind hochgradig suchtgefährdet oder bereits arbeitssüchtig. Fuß vom Gaspedal, auskuppeln, Handbremse ziehen, bevor Sie sich selbst ruiniert haben.

Alle „Elfe", dann wird's höchste Zeit zum Umsteuern, bevor Ihre Freunde Sie im Krankenhaus besuchen müssen.

Engagement in der Arbeit ist wichtig – für die eigene Identität und auch, um im Beruf zu überleben. Keine Frage. Die Frage ist freilich, ob wir uns ausschließlich oder fast nur noch über Arbeit definieren. Es geht um Maßhalten, um Prävention, um die Balance von An- und Entspannung.

Wie entsteht Stress?

Psychische, mentale und physische Gründe führen zu Überlastung und damit zu Stress. Meist verbirgt sich hinter Stress und Überlastung ein Zusammentreffen diverser Faktoren (Symptomekomplex), die ein explosives Gemisch ergeben.

Checkliste: Wesentliche Ursachen und Folgen von Überlastung

Physisch	Mental	Psychisch
❑ Übermüdung	❑ Perfektionismus	❑ Anforderungen im Job und im Privatleben (Rollenerwartungen)
❑ Bewegungsarmut	❑ Ungewissheit	
❑ Herz-Kreislauf-Probleme	❑ Überforderung	
❑ Dysfunktion im Verdauungsapparat	❑ Hohe Verantwortung	❑ Mobbing
	❑ Burn-out	❑ Depression
		❑ Opferhaltung

❑ Der „Markt" (Wirtschaftssystem) als lebensbestimmender Faktor (Viviane Forrester: „Terror der Ökonomie")

❑ Job-Enlargement (Arbeitsverdichtung: Immer mehr in weniger Zeit erledigen zu müssen; asthmatisch-hektisches Werkeln statt Langfristplanung)

❑ Ständiger Wandel und Umstrukturierung (Re-Engineering, Benchmarking etc.)

❑ Angst vor Arbeitsplatzverlust

❑ Furcht, Fehler zu machen

❑ Überstunden sind normal.

❑ Berufliche und private Konflikte schaukeln sich hoch oder werden verdrängt.

❑ Unbequeme Entscheidungen werden verschoben.

❑ Falsche Paradigmen: z. B. immer freundlich sein zu müssen; Kult der ständigen Erreichbarkeit; Glaube an die Mach- und Regelbarkeit von allem; kein Raum für Spiritualität; „up or out"

❑ Persönlichkeitsstrukturen (z. B. Definition des Selbstwerts vor allem über Arbeit)

Eigentlich ist die Sache ganz einfach: Stress fängt im Kopf an. Wer sein Arbeitspensum besser einteilt, senkt systematisch die Dauerbelastung. Das beginnt damit, den Terminkalender neu zu ordnen. Soweit die Theorie. Aber wir tun uns damit ganz schön schwer. Zum Thema „Zeitmanagement" werden deshalb im nächsten Kapitel wertvolle Tipps gegeben.

Dauerstress macht krank

Das Burn-out-Syndrom lässt sich meist nicht auf eine einzige Ursache zurückführen, sondern entsteht immer über einen längeren Zeitraum. Der Zustand, in dem sich die Ausgebrannten befinden, ist wie ein Dauerstress – ohne Urlaub, ohne Ziel. Durch die permanente Ausschüttung der Stresshormone quellen die Nebennieren an, produzieren viel zu viel Cortisol. Das schwächt das Immunsystem. Der Mensch wird krank. Es kommt zu psychosomatischen Reaktionen, also allen möglichen organischen Erkrankungen, sowie Depressionen, Denk- und Konzentrationsstörungen neben dem körperlichen Verfall.

Wie gesund ist Stress?

Kaum zu glauben, aber wahr: Stress führt anfangs zu größerer Leistungsfähigkeit – und auch Kreativität. Ein bestimmtes Maß an Stress ist also sinnvoll – z. B. die Anspannung bei einer Rede, beim Sport, als Abhärtung gegen Kälte etc. Dieser Stress wird auch Eustress genannt. In Abgrenzung zum negativen Stress, dem Disstress. Stress kann aber auch zur Sucht werden. Auf Dauer und im Übermaß ist Stress allerdings hochgradig schädlich; auch die Kreativität wird blockiert. Die Stressgrenze ist freilich von Mensch zu Mensch unterschiedlich (s. „Welcher Stresstyp bin ich?").

Für den Steinzeitmenschen als Jäger war Stress ein überlebenswichtiger Faktor. Der Stressor – Auslöser einer Stressreaktion – war z. B. ein Säbelzahntiger. Die Wahrnehmung signalisiert dem Gestressten: Gefahr und höchste Alarmbereitschaft! Die Hirnanhangdrüse schüttet daraufhin das Hormon ACTH aus, das die Nebennieren stimuliert und dadurch Adrenalin sowie Noradrenalin und vor allem Cortisol freisetzt.

Der Säbelzahntiger und die Auswirkungen

Diese Hormone bewirken sofort:

1. Erhöhung des Blutdrucks und der Herzfrequenz
2. Freisetzung von Zucker und Fettreserven
3. Erhöhung der Blutgerinnungsfaktoren
4. Ausschaltung von Verdauung, Sexualfunktionen und Immunabwehr
5. Blockade des Denkens

Alle verfügbare Energie wird mobilisiert und konzentriert, um höchste motorische Leistungen zu vollbringen. Der Stress wird während dieser Leistung abgebaut. Körperlicher Stress ist also die Anpassung an die Umwelt.

Exkurs: Wissenschaft und Stress/ Burn-out

❏ Der österreichisch-kanadische Biomediziner Hans Selye (1907-1982), Pionier der Stressforschung, hat 1956 das englische Wort „stress" in die deutsche Wissenschaftssprache eingeführt. Der Begriff ist aus der Physik abgeleitet und entstammt der Materialforschung: Wenn etwas unter großem Druck zerbricht, spricht man von Stress. Der Begriff „Burnout" wurde 1974 von dem deutschstämmigen Psychoanalytiker Herbert Freudenberger geprägt.

❏ In einer repräsentativen Untersuchung des Fraunhofer-Instituts für Arbeitswirtschaft und Organisation haben 46 Prozent der Befragten geantwortet, dass Stress und Arbeitsdruck zugenommen haben. Die stärksten Belastungen am Arbeitsplatz sind psychisch: 44 Prozent der Arbeitnehmer bezeichnen das Ausmaß von zu hoher Verantwortung als „ziemlich" oder „stark belastend", für zwei Drittel stellt Zeitdruck das größte Problem dar, wie eine Untersuchung von mehr als 2000 Arbeitnehmern im Auftrag des Arbeitsministeriums NRW herausgefunden hat.

❏ Eine Forschungsgruppe der Universität Bremen hält Arbeitssucht für ein Massenproblem: Jeder vierte Manager und Freiberufler gilt als krankhaft arbeitssüchtig.

❏ Studien, u. a. auch der Universität Graz, haben ergeben: Lachen ist ein gutes Mittel gegen Stress und Frust. Beim Lachen werden glücksbringende Endorphine freigesetzt, der Blutdruck sinkt. Eine Minute schallendes Lachen soll so effektiv sein wie 45 Minuten Entspannungstraining. Außerdem hat es die ansteckende Wirkung eines sozialen Schmiermittels. Kinder scheinen das zu beherrschen: Sie lachen bis zu 400 Mal am Tag, wie Gelotologen (Lachforscher, gelos (gr.) = Lachen) gezählt haben. Erwachsene kommen im Durchschnitt gerade noch auf 15 Lacher täglich.

❏ Und weil wir gerade bei der Gesundheit sind: Geselligkeit wehrt Schnupfen-Viren ab, so eine Untersuchung der Carnegie Mellon Universität in Pittsburgh. Wer zahlreiche intensive Kontakte hatte, reagierte deutlich weniger auf die Infektion, während bei introvertierten Menschen Schnupfen häufiger und stärker ausbrach.

Welcher Stresstyp bin ich?

Vor allem die individuellen Ressourcen entscheiden, wie man Stress empfindet. Diese Ressourcen sind nach Angaben von Professor Holger Pfaff vom Institut für Arbeits- und Sozialmedizin der Universität Köln:

❏ Kulturelle Ressourcen: Über welche Problemlösungsstrategien verfüge ich?

Individuelle Ressourcen

❏ Soziale Ressourcen: Wie unterstützen mich Familie und Freunde?

❏ Psychische Ressourcen: Wie stark ist mein Selbstwertgefühl ausgeprägt?

❏ Körperliche Ressourcen: Wie widerstandsfähig ist mein biologisches Immunsystem?

❏ Dingliche Ressourcen: Verfüge ich über alle materiellen Ressourcen, die ich für meine Arbeit benötige?

In der Literatur werden meist zwei Persönlichkeiten erwähnt, die defensiv (keine aktive Beeinflussung der Arbeitssituation: Rückzug, Reduktion von Ansprüchen, anderen Verantwortung dafür geben) mit Stress umgehen: (1) ängstliche Personen mit geringem Selbstwertgefühl und (2) Personen mit Ehrgeiz, Wetteifer, Ungeduld, Aggressivität und Zeitdruckgefühlen sowie zu hohen Ansprüchen an die eigene Leistungsfähigkeit. Die erste Gruppe sind in der Terminologie des Kybernetikers Frederic Vester (*Phänomen Stress*) die Vagotoniker, die andere die Sympathikotoniker.

Wie ärgern Sie sich?

Sympathikotoniker Typ A-Verhalten	Vagotoniker Typ B-Verhalten
❏ Ich gehe in die Luft.	❏ Ich bin traurig.
❏ Ich schimpfe laut.	❏ Ich fresse den Ärger in mich hinein.
❏ Ich rege mich auf.	❏ Ich schmolle.
❏ Ich gerat in Wut.	❏ Ich werde still.
Weitere Kennzeichen:	Weitere Kennzeichen:
Wettbewerbsorientiert (will gewinnnen und bewundert werden)	Begrenzte bzw. keine beruflichen Ambitionen
Karrierebewusst	Wenig(er) Ungeduld
Schnell und ehrgeizig	Liebt Routine
Wächst mit den Anforderungen	Verzagt bei hohen Anforderungen
Angst vor Niederlagen	Vermeidet Konfrontation
Schlechter Zuhörer	Oft zu sanft/milde im Urteil
Glaubt, alles besser machen zu können	Guter Zuhörer
	Selbstzweifel

Diese unterschiedlichen Arten, Stress geistig zu verarbeiten, führen zu unterschiedlichen körperlichen Reaktionen. Unsere Organe werden von zwei Hauptnerven unseres vegetativen Nervensystems angesteuert. Diese Hauptarme heißen Sympathicus und Parasympathicus oder Vagus. Grob gesagt aktiviert der Sympathicus im Wesentlichen unser Herz-Kreislauf-System. Bei Typ A ist er der körperliche Blitzableiter für Stress. Bei Stress ist er übererregt und damit alle Organe, die dieser Nerv aktiviert. Bei Typ B ist der Vagusnerv der Blitzableiter für Stress. Der Vagus steuert im Wesentlichen die Aktivität der Verdauungsorgane.

Bei Dauerstress laufen diese Organe ständig unter Vollgas. Dies führt über kurz oder lang zu deren Erkrankung. Typ A-Menschen sind typische Herzinfarkt- und Bluthochdruckkandidaten, Typ B-Menschen neigen eher zu Magen- und Darmgeschwüren.

Vagotoniker

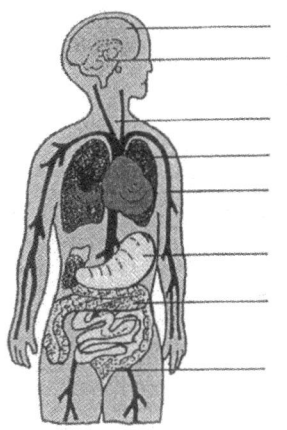

Schwindelgefühl
Gestörte Hormonregulation
Aggressionen

Verringerte Immunalabwehr

Bronchialasthma

Niederer Blutdruck
Neigung zu Kollaps

Magengeschwüre

Darmleiden

Blasenerkrankung

Sympathikotoniker

Denkblockaden
Gestörte Hormonregulation
Aggressionen

Verringerte
Immunalabwehr

Herzinfarkt

Bluthochdruck
Mobilisierung von
Zucker aus der Leber
Schädigung von Niere
und Nebenniere

Mobilisierung der Fett-
reserven und Depot im
Gefäßsystem

Temporäre Impotenz

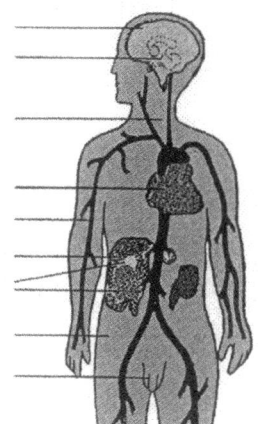

Aus Vester *Phänomen Stress*

Welche Menschen sind besonders gefährdet?

Helfer-Syndrom

Wenn Frauen gestresst sind, führt das normalerweise häufiger zu Krankheiten als bei Männern, wie Forschungsarbeiten herausgefunden haben. Männer empfinden – in Grenzen – Stress als angenehme Abwechslung und Wertschätzung ihrer Person. Außerdem wurde herausgefunden, dass brutal gestresste Menschen häufig ein ziemlich niedriges Selbstkonzept haben. Angehörige im medizinisch-sozialen Bereich, insbesondere auch in diakonischen Arbeitsfeldern, in Gesundheits- und Krankenpflege, sind geradezu prädestiniert für Burn-outs. Dies liegt vor allem an den emotionalen Belastungen, der Persönlichkeit der Menschen, die in der Pflege tätig sind (Helfer-Syndrom), Mangel an positivem Feedback und Rollenkonflikten.

Überforderung und Unterforderung

Besonders gefährdet sind ehrgeizige Menschen, die sich vor allem über Leistung definieren und keinen Ausgleich kennen. Doch mittlerweile grassiert das Virus in nahezu allen Berufen. Und es kann jeden treffen. Wer heute meint, er könne nie von einem solchen Zustand heimgesucht werden, lebt in einer Traumwelt und darf sich den Titel eines Verdrängungsweltmeisters anheften. Meist trifft es leider diese Menschen umso heftiger, wenn sie Warnsignale nicht wahrnehmen. Vor allem Menschen mit erheblichem Arbeitsstress, aber auch mit chronischer Unterforderung sind gefährdet, weil dies zu Anspannung, Reizbarkeit und Müdigkeit führt. Besonders gefährdet sind Menschen, die …

❏ … mit Enttäuschungen nicht mehr fertig werden,
❏ … sich für andere aufopfern und darin völlig aufgehen,
❏ … unrealistische Erwartungen haben,
❏ … eigene Grenzen nicht kennen,
❏ … eine Alles-oder-nichts-Lebensphilosophie praktizieren,
❏ … keinen Lebenssinn haben.

An dieser Stelle ist es sinnvoll, die Burn-out-Phasen zu kennen, damit Sie sehen, wie „weit" es mit Ihnen schon sein könnte bzw. wohin es führen könnte, wenn Sie nicht rechtzeitig gegensteuern. Der Prozess des Ausbrennens ist nämlich keine zufällige chemische Verpuffung, sondern geschieht schleichend. Die beiden Wissenschaftler Freudenberger/North unterscheiden 12 Phasen in einem Burn-out-Zyklus:

❏ Phase 1: Der Zwang, sich zu beweisen
Aus dem individuellen Leistungsstreben, Tatendrang und dem Leistungswunsch mit erhöhten Erwartungen an sich selbst wird Leistungszwang. Zugleich nimmt die Bereitschaft ab, die eigenen Grenzen und Möglichkeiten und auch Rückschläge anzuerkennen.

Burn-out-Phasen

❏ Phase 2: Verstärkter Einsatz
Delegieren wird als umständlich und zeitraubend erlebt und bedroht die eigene Unentbehrlichkeit. Man hat das Gefühl, alles selbst machen zu müssen, um sich zu beweisen.

❏ Phase 3: Vernachlässigung eigener Bedürfnisse
Der Wunsch nach Ruhe, Entspannung und angenehmen Sozialkontakten tritt zunehmend in den Hintergrund – auch der Wunsch nach Sexualität sinkt. Dagegen steigt der Alkohol-, Nikotin-, Kaffee- und Schlafmittelgenuss, weil Schlafstörungen auftreten. Häufig existiert noch ein deutliches Wohlgefühl, sodass eine Unterbrechung schwerfällt.

❏ Phase 4: Verdrängung von Konflikten und Bedürfnissen
Fehlleistungen wie z. B. Unpünktlichkeit, Verwechslung von Terminen und Themen usw. treten auf.

❏ Phase 5: Umdeutung von Werten
Die Wahrnehmung wird aufgrund von Abstumpfung beeinträchtigt. Die Prioritäten verschieben sich, soziale Kontakte werden als unangemessen und belastend erlebt. Wichtige Ziele im Leben werden entwertet oder umgedeutet.

❏ Phase 6: Verstärkte Verleugnung der auftretenden Probleme
Die Verdrängung eigener Bedürfnisse und Konflikte ist bereits Lebensinhalt. Folgen sind häufig: Abkapselung von der

Umgebung, die entwertet wird, Zynismus, aggressive Abwehr, Ungeduld und Intoleranz. Mitmenschen werden als böse, dumm, fordernd, uneinsichtig und undiszipliniert wahrgenommen, Kontakte als unerträglich und als Zumutung eingestuft. Es treten erstmals deutliche Leistungseinbußen und körperliche Beschwerden auf! Spätestens ab hier besteht dringender Bedarf an professioneller Hilfe.

❏ Phase 7: Rückzug
Das soziale Netz wird als feindselig, fordernd und überfordernd erlebt. Orientierungslosigkeit, Hoffnungslosigkeit und Entfremdung beherrschen den Betroffenen. Er sucht Ersatzbefriedigung durch Alkohol, Medikamente, Essen (häufiges Essen von Süßigkeiten; Schlachtruf: „Mehr Schokolade!!!"), Drogen und Sexualität. Der Mensch fühlt sich eingeengt und wirkt automatisiert.

❏ Phase 8: Verhaltensänderungen
Aufmerksamkeit und Zuwendung der Umwelt werden als Angriff interpretiert, was zu krankhaften (paranoiden) Reaktionen führt.

❏ Phase 9: Verlust des Gefühls für die eigene Persönlichkeit
Es besteht das Gefühl, nicht mehr man selbst zu sein, sondern nur noch automatisch zu funktionieren. Mit professioneller Hilfe muss von den täglichen Verpflichtungen längere Zeit Abstand gewonnen und es müssen alternative Lebenskonzepte gesucht werden.

❏ Phase 10: Innere Leere
Der Mensch fühlt sich ausgehöhlt, ausgezehrt, mutlos und leer. Er erlebt gelegentlich Panikattacken. Er fürchtet sich vor anderen Menschen und Menschenansammlungen.

❏ Phase 11: Depression
Verzweiflung, Erschöpfung, schmerzhafte innere Gefühle wechseln mit Abgestorbensein und Suizidgedanken. Es besteht in Behandlungsgesprächen die Notwendigkeit der Suizidprävention.

❑ Phase 12: Völliges Burn-out
Geistige, körperliche und emotionale Erschöpfung, Infektanfälligkeit, Herz-, Kreislauf- oder Magen- und Darmerkrankungen prägen das Vollbild der klassischen Veränderungskrise. Es besteht die akute Notwendigkeit der Krisenintervention.

Viele der in den 12 Stadien beschriebenen Symptome können auch normale bzw. gesunde Reaktionen auf eine normale Achterbahnfahrt im Leben sein. Schicksalsschläge können zeitweise zu „Aussetzern" führen. Dennoch sollten Sie nicht leichtfertig über die Symptome hinweggehen und lieber einmal früher als zu spät professionelle Hilfe in Anspruch nehmen.

Im nächsten Schritt können Sie anhand eines Selbsttests genauer überprüfen, wie gestresst und nah am Burn-out Sie gerade sind.

Bin ich gerade kurz vor oder gar schon mitten in einem Burn-out? (Selbsttest)

Machen Sie Ihren persönlichen Stresstest

Gehen Sie die folgende Liste mit unterschiedlichen Reaktionen der Reihe nach durch. Prüfen Sie, wie oft und wie stark Sie die aufgeführten Symptome in letzter Zeit an sich beobachtet haben. Geben Sie hinter jeder Reaktion sowohl Häufigkeitsgrad als auch Stärkegrad an.
Wiederholen Sie diesen Check-up in den nächsten zwei Monaten (kopieren Sie vorher am besten die drei Seiten). Sie können die Liste auch in größeren Abständen wiederholen oder wenn Sie spüren, dass Sie Stresssymptome aufweisen.

Legende:

Häufigkeit:	Stärke:
1 = nie	1 = nicht
2 = manchmal	2 = kaum
3 = häufiger	3 = mäßig
4 = oft	4 = stark

Reaktionen	Häufigkeit (1= nie; 4= oft)	Stärke (1= nicht; 4= stark)	Reaktionsbereitschaft (Häufigkeit x Stärke)	Datum
I. Körperlich (motorisch-vegetativ)				
1. Krampfanfälligkeit (Muskeln)				
2. Verdauungsstörungen				
3. Trockener Mund				
4. Kurzatmigkeit				
5. Weiche Knie in krit. Phasen				
6. Rotwerden				
7. Häufigeres Schwitzen				
8. Nacken- und Schulterschmerz				
9. Rückenschmerzen				
10. Verspannungen				

11. Sodbrennen/Magenschmerzen				
12. Ziehen/Schmerzen in der Brust				
13. Zucken Hände/Augenlider				
14. Unruhe/Zucken in bestimmten Muskelbereichen				
15. Herzrasen/Herzstechen				
16. Schnelle körperl. Erschöpfung				
17. Frösteln oder Hitzewallung				
18. Kalte Hände oder Füße				
19. Zittern am Körper				
20. Schlafstörungen				
21. Kopfschmerzen				
22. Kaputt aufwachen				
23. Schwindelgefühle				
II. Mental (kognitiv)				
24. Tagträumen/Gedankenflucht				
25. Vergessen, verlegen, verhören				
26. Schlecht zuhören können (z. B. häufiges Nachfragen)				
27. Gedankenverlorenheit				
28. Gedächtnislücken				

29. Ideenarmut				
30. Angstgefühle				
31. Gefühl „Alles wächst mir über den Kopf"				
32. Gedanken reißen ab				
33. (Hohe) Ablenkbarkeit				
34. Appetitlosigkeit				
35. Unfähigkeit zur Entspannung				
36. Depressive Verstimmung				
37. Innere Unruhe				
38. Wiederkehrende Zwangsvorstellungen				
39. Gedankenkarussell vor dem Einschlafen				
40. Grübeln				

Jetzt haben Sie Ihre stressanfälligste Verhaltensebene herausgefunden. Entscheiden Sie nun, welche Methode für Sie persönlich die richtige ist:

Bei der motorisch-vegetativen Ebene sind es vor allem Sport und Entspannungstechniken (z. B. progressive Muskelentspannung und autogenes Training).

Bei der kognitiven Ebene helfen Meditation, Mentaltraining sowie eine Veränderung der eigenen Denkgewohnheiten.

Und: Denken Sie bitte auch rechtzeitig an professionelle Hilfe (Arzt oder Psychologe). Sie werden spüren, es lohnt sich, aus diesem Teufelskreislauf auszubrechen!

Anti-Stress-Strategien

Es gibt eine Vielzahl an Anti-Stress-Strategien. An dieser Stelle sollen drei wirkungsvolle vorgestellt werden:

❑ Das 3-Schritte-Programm
❑ Die Strategie des „Positiven Denkens"
❐ Progressive Muskelentspannung

Das Drei-Schritte-Programm

Das Drei-Schritte-Programm ist eine ziemlich einfache, aber praxiserprobte und erfolgreiche Strategie, stressige Situationen zu simulieren und im Vorfeld Lösungen zu überlegen. Denn: Stress ist auch eine verzerrte Wahrnehmung. Alles wird als bedrohlich angesehen – und dann dreht sich die Stress-Spirale und wird zu einem Perpetuum mobile. Dabei gilt: Stress ist verlernbar.

Die Stress-Spirale unterbrechen

1. Was ist das Schlimmste, das dir passieren kann?
2. Akzeptiere es.
3. Tue alles (dir Mögliche), damit das Schlimmste nie eintritt!

Strategie des „Positiven Denkens"

Die psychologische Forschung hat immer wieder gezeigt, dass unsere Gedanken die Wahrnehmung beeinflussen: Wenn Sie von der Zukunft nichts Gutes erwarten, ist die Wahrscheinlichkeit groß, dass es auch so kommen wird (Selffulfilling Prophecy). Leider neigen viele Menschen dazu. Genau umgekehrt wird ein Schuh daraus, indem Sie sich die selbst erfüllende Prophezeiung positiv zunutze machen: Denken Sie positiv! Dabei geht es nicht um einen platten Positivismus („Sie müssen alles durch die rosa Brille sehen!"), sondern um realistische, motivierende Aussagen. Auch der US-amerikanische Schauspieler Danny Kaye scheint diese Technik beherrscht zu haben: „Umleitungen sind die beste Gelegenheit, endlich die eigene Stadt besser kennenzulernen." So wird aus einer nervigen Umleitung eine echte Stadtführung.

Umleitungen sind die beste Gelegenheit, die Stadt kennenzulernen!

Beispiele für die Veränderung negativer Selbstaussagen in positive Selbstgespräche

	Negative Selbstaussage	Positives Selbstgespräch
I. **Vor** der Stress-Situation	„Das wird schief gehen …"	„Erst einmal probieren …"
	„Ich weiß nicht, wie ich das schaffen soll …"	„Ich beginne langsam und deutlich zu sprechen …"
	„Du liebe Zeit, was da wieder auf mich zukommt …"	„Ich werde daraus lernen …"
II. **In** der Stress-Situation	„Ich werde schon wieder nervös …"	„Nur ruhig, entspanne dich …"
	„Mein Herz schlägt wie wild …"	„Bleib ruhig …"
	„Die Angst wird mich überwältigen …"	„Ich kann Erregung nicht verhindern, aber ich werde sie steuern …"
III. **Nach** der Stress-Situation	„Ich habe versagt …"	„Es war besser, als ich gedacht habe …"
	„Das kann ich nie …"	„Jedes Mal, wenn ich das Verfahren einsetze, wird es besser werden …"

Jahnke (1984) hat in einer wissenschaftlichen Untersuchung einen Stressverarbeitungsbogen mit 19 unterschiedlichen Anti-Stress-Strategien aus den Antworten der Teilnehmer zusammengestellt. Nur ein Teil davon ist freilich konstruktiv (+), der größte dagegen eher destruktiv (–):

Art der Verarbeitung	Typische Bemerkung	Bewertung
1. Bagatellisierung	„Ich sage mir, es kommt schon alles wieder in Ordnung."	(–)
2. Herunterspielen durch Vergleich mit anderen	„Ich nehme das leichter als andere in der gleichen Situation."	(–)
3. Schuldabwehr	„Ich denke, ich habe die Situation nicht zu verantworten."	(–)
4. Ablenkung von Situationen	„Ich lenke mich irgendwie ab."	(–)
5. Ersatzbefriedigung	„Ich erfülle mir einen lange gehegten Wunsch."	(–)
6. Suche nach Selbstbestätigung	„Ich verschaffe mir Anerkennung auf anderen Gebieten."	(+/–)

7. Situations- kontroll- versuche	„Ich mache einen Plan, wie die Schwierigkeiten aus dem Weg ge- räumt werden können."	(+)
8. Reaktions- kontroll- versuche	„Ich sage mir, ich darf die Fassung nicht verlieren."	(+/−)
9. Positive Selbstinstruk- tion	„Ich sage mir, ich kann damit fertig werden."	(+)
10. Bedürfnis nach sozialer Un- terstützung	„Ich versuche, mit jemandem darüber zu sprechen."	(+)
11. Vermeidungs- tendenz	„Ich nehme mir vor, solchen Situa- tionen in Zukunft aus dem Weg zu gehen."	(+)
12. Fluchttendenz	„Ich neige dazu, die Flucht zu er- greifen."	(−)
13. Soziale Abkapselung	„Ich meide Men- schen."	(−)
14. Gedankliche Weiterbeschäf- tigung	„Ich beschäftige mich mit der Situ- ation hinterher noch lange."	(+/−)
15. Resignation	„Ich neige dazu, zu resignieren."	(−)

16. Selbstmitleid	„Ich frage mich, warum muss das gerade mir passieren."	(–)
17. Selbstbeschuldigung	„Ich mache mir Vorwürfe."	(–)
18. Aggression	„Ich werde ungehalten."	(–)
19. Pharmaka-Einnahme	„Ich neige dazu, Medikamente zu nehmen."	(–)

(in Anlehnung an Dieterich (1999)

Progressive Muskelentspannung

Die Progressive Muskelentspannung wurde in den 1930-er Jahren von Edmund Jacobsen entwickelt. Zentraler Ansatz: Muskelgruppen werden eine Zeit lang aktiv verstärkt angespannt und anschließend tief entspannt. Dadurch wird gelernt, An- und Entspannung gezielt voneinander zu beobachten und zu unterscheiden. Dieser Zyklus von An- und Entspannung wird fortschreitend (progressiv) auf alle Muskelgruppen des Körpers angewandt. Die Technik bewirkt oft bei zweimaliger Anwendung pro Tag nach einigen Wochen einen Stressausgleich. Die folgende Übung ist geeignet, um erstmals deutlich den Unterschied zwischen Entspannung und Anspannung zu erleben. Alle Hauptmuskelgruppen des Körpers werden systematisch von oben nach unten kräftig angespannt (5 Sekunden) und wieder losgelassen.

Anspannung und Entspannung unterscheiden

Dazu ein typischer Übungsablauf

❑ Lege dich locker und entspannt auf den Rücken.
Füße und Knie kippen leicht nach außen.
Die Arme sind etwas angewinkelt.
Die Finger liegen locker auf der Unterlage.
Beobachte deinen Atem, wie er ganz ruhig geht, ein – aus,
ein – aus, ein – aus.
Die Augen sind geschlossen, der Mund ist leicht geöffnet.
Alle Spannung fließt aus dem Gesicht hinaus.

❑ Hände und Arme:
Balle beide Hände zur Faust, fest – 1,2,3,4,5 – und loslassen.
Die Hände liegen locker auf der Unterlage, alle Spannung
fließt hinaus, die Hände werden locker und weich.
Mach wieder eine Faust, beuge die Ellenbogen, Unterarm
und Oberarm sind fest angespannt. 1,2,3,4,5 – und loslassen.
Beide Arme liegen entspannt und schwer auf der Unterlage.

❑ Hals und Nacken:
Zieh den Kopf nach vorn, Kinn auf die Brust – 1,2,3,4,5 –
loslassen.
Konzentriere dich auf das Gefühl der Entspannung.
Presse den Kopf im Nacken auf den Boden – 1,2,3,4,5 –
loslassen.
Spüre das Hinausfließen der Spannung.

❑ Schultern und Bauch:
Ziehe die Schulterblätter hinten fest zusammen – 1,2,3,4,5 –
loslassen.
Jetzt die Schultern weit nach vorn ziehen – 1,2,3,4,5 –
loslassen.
Die Schultern sinken zu Boden, Erleichterung, Entspannung, Ruhe.
Hebe nun die Beine etwas an, der Bauch spannt sich –
1,2,3,4,5 – loslassen,
Der Bauch entspannt sich, Atem geht ruhig und gleichmä-
ßig.

❏ Füße und Beine:
   Drücke die Füße fest auf den Boden – 1,2,3,4,5 – loslassen.
   Strecke Zehen und Fuß ganz weg vom Körper – 1,2,3,4,5 –
   loslassen.
   Zehen nach vorn einrollen – 1,2,3,4,5 – loslassen.
   Zehenspitzen zum Körper hin strecken – 1,2,3,4,5 – loslassen.
   Aus den Füßen strömt die Spannung hinaus.
❏ Genieße das Gefühl völliger Entspannung noch einige
   Minuten.
   Der Körper liegt ruhig, schwer, gelöst auf der Unterlage.
   Nimm dann deine Umwelt wieder wahr, recke und strecke
   dich und komm langsam aus der Entspannung zurück.
   Mache einige Lockerungsübungen.

Auch wenn er völlig zu Unrecht gerade in Deutschland und anderen Highspeed-Ökonomien im Gegensatz zu südlicheren Ländern einen schlechten Ruf hat: der Mittagsschlaf. Ein viertel oder maximal ein halbes Stündchen wird mit größerer Leistungsfähigkeit durch einen unvergleichlichen Erholungswert belohnt, wie unzählige Arbeiten der Deutschen Gesellschaft für Schlafforschung und Schlafmedizin (DGSM) zeigen. Ein „power nap" steigert die Reaktionsgeschwindigkeit um 16 Prozent und reduziert die Aufmerksamkeitsausfälle um 34 Prozent, wie ein Projekt der US-Weltraumbehörde NASA bestätigt hat. Erfolg im Schlaf – oder um mit Shakespeares Macbeth zu sprechen: „Es ist der heil'ge Schlaf, der uns das wüste Garn der Sorge löst." Die Japaner praktizieren das Blitz-Nickerchen, „inemuri" genannt, nahezu überall: in Bussen, Bahnen und Flugzeugen – in Büros und auch im Parlament, allen voran der Premierminister. Geübt wird „inemuri" bereits in der Grundschule.

Und wenn's mit dem Nickerchen bei Ihnen nicht klappt, dann träumen Sie mit geschlossenen Augen: Stellen Sie sich gedanklich auf einen Balkon mit herrlichem Meeresblick (am besten einen schönen Moment Ihres persönlichen „Urlaubsfilms"auf Ihre Leinwand holen), schauen Sie über die Weite des Meeres und lassen Sie die frische Meeresbrise Ihre Haut streicheln.

Wie erlerne ich einen positiven Umgang mit Stress?

Übernehmen Sie die Verantwortung!

Gerade die Bewertung einer stressigen Situation trägt dazu bei, wie stressig Sie diese empfinden: Verschiedene Untersuchungen haben gezeigt, dass Menschen, die in der Lage sind, das extreme Ereignis zu kontrollieren (und nicht nur passiv zu ertragen), gesund bleiben. Der erste Schritt heraus aus dem Teufelskreis ist das Erkennen und Eingestehen des Problems (daran scheitert es bereits bei manchen) und anschließend das Angehen des Problems. Mit anderen Worten: Übernehmen Sie Verantwortung!
Ein Kopierer oder ein Laserdrucker muss sich immer wieder neu kalibrieren, d. h. neu auf ein vorgegebenes Maß ausrichten. Folgende Fragen können Ihnen bei der Re-Kalibrierung helfen:

❏ Welche Umweltbedingungen sind die kritischen für Sie?
❏ Welche Ihrer Bedürfnisse und Ziele vernachlässigen Sie?
 (Kennen Sie diese überhaupt? Wenn nicht, ein Blatt Papier und einen Stift zur Hand und mal kurz darüber nachdenken. Am nächsten Tag Revue passieren lassen und nach einer Woche noch einmal zur Hand nehmen und dann die für Sie wichtigen Bedürfnisse in zwei oder drei knackigen Sätzen zusammenfassen.)

❑ Welche Fähigkeiten sind bei Ihnen unterentwickelt? (Und nicht vergessen: Wo liegen Ihre Stärken? Damit Sie sich nicht einfach nur durch Negatives runterziehen lassen.)

❑ Welche normativen Vorstellungen sind unrealistisch?

❑ Welche Dogmen und Denkmuster sind irreführend? („Als Mann muss ich …", „Als gute Kollegin muss ich …")

Machen Sie die Stresskiller zu Ihren Verbündeten. Ziel ist, dadurch ein Flow-Erleben zu erzeugen, wie es der Bestseller-Autor Mihaly Csikszentmihalyi (sprich: Tschick Sent Mihaji) ausdrückt. Dieses Flow-Gefühl meint einen Zustand, den wir erreichen, wenn wir uns mit Hingabe einer Sache widmen, in dem das Gefühl von Raum und Zeit aufgehoben wird und wir positiv inspiriert sind. **Flow!**

Priorisieren

Konzentrieren Sie sich nur noch auf das Wesentliche. Lassen Sie sich dabei von Ihrem Partner oder einem wirklich guten Freund oder einer Freundin helfen, wenn es alleine schwerfällt. Analysieren Sie dabei auch Ihre Ressourcen – Stärken und Schwächen. Setzen Sie sich dabei erreichbare Ziele, delegieren Sie, wenn möglich. Wenn das nicht geht, müssen Sie das Nein-Sagen lernen. Verzichten Sie auf Multitasking. Nur Computer können dauerhaft parallel arbeiten, wir Menschen dagegen sind sequenziell verdrahtet. Auf gut Deutsch: eins nach dem anderen machen, Schritt für Schritt. Auch die Natur kennt Jahreszeiten und fährt damit gut. Stellen Sie sich vor, wir hätten an einem Tag Winter und Sommer, Herbst und Frühling gleichzeitig. Welch schrecklicher Gedanke. **Schritt für Schritt**

Fragen Sie sich doch auch mal: Was macht mein Leben aus? Was ist mir wirklich wichtig im Leben? Was vernachlässige ich derzeit am meisten? Was kann (und will!) ich ändern, um erfüllter und zufriedener zu leben?

Und noch ein Tipp: Portionieren Sie die Arbeit. Das sorgt für Teil-Erfolgserlebnisse. Schon Cicero wusste: „Angenehm sind die erledigten Arbeiten."

Zeit zum Abschalten

Auch Ameisen ruhen sich aus

Haben Sie mindestens einen Abend pro Woche, an dem Sie bestimmen, was Sie tun oder lassen möchten? Zum Beispiel einfach auch mal nichts tun! Das Finanzamt rechnet bei den Fahrtkosten eines „normalen" Beschäftigten mit 230 Arbeitstagen im Jahr – d. h., ein gutes Drittel ist Nicht-Arbeit, Freizeit oder wie Sie es auch immer nennen wollen. Rechnen Sie noch anders? Dann wird es höchste Zeit zum Abschalten. Mindestens ein Tag sollte völlig arbeitsfrei bleiben, rät deshalb auch Iris Dohmen von der Stiftung IAS Institut für Arbeits- und Sozialhygiene. Und: Niemand muss E-Mails abends um zehn Uhr losschicken, nur um Arbeitseifer zu demonstrieren. Lee Iacocca, der Ex-Chef von Chrysler: „Wenn Sie zu lange zu hart arbeiten, kriegen Sie ein weiches Hirn." Die fleißigen Ameisen scheinen den Zusammenhang von Arbeit und Entspannung zu kennen: Nach getaner Arbeit ruhen sie sich lange aus, wie Ameisenforscher herausgefunden haben. Diverse Prominente wie z. B. Aristoteles und Epikur, Einstein und Nietzsche, Böll und Tucholsky scheinen den Wert des Müßiggangs für eine insgesamt positive Produktivität entdeckt zu haben.

Erholung und Entspannung (Work-Life-Balance)

Nehmen Sie sich die Natur zum Vorbild: Ochsenkarren und Pferdekutschen wurden früher immer wieder ausgespannt, damit die Tiere sich erholen konnten. Und was sind Sie für ein Arbeitstier? Wenn Sie gerade eine Ochsentour beruflich durchmachen, brauchen Sie Entspannung. Ein Muskel, der immer angespannt wird, verkrampft. Akkus müssen immer wieder aufgeladen werden. Gönnen Sie sich doch auch mal einen freien Freitag oder Montag im Monat – einen Tag, an dem Sie tun, was Ihnen so richtig Freude macht.

Grenzen Sie Arbeit und Freizeit ab: Spätestens wenn Sie zu Hause ankommen, geben Sie das Berufsjoch an der Garderobe ab. Wenn die Familie intakt ist, ist sie eine der stärksten

Kraftquellen. Achtung: Es gilt aber auch der umgekehrte Zusammenhang: Stress in der Familie belastet auch am Arbeitsplatz.

Suchen Sie sich einen sinnvollen Ausgleich als Alternative: Genießen Sie. Womit kann man Sie verführen? Ein Candlelight-Dinner? Ein Konzert- oder Theaterbesuch? Oder trauen Sie sich mal, ein Instrument zu erlernen. Warum nicht? Ein Walzer, Foxtrott oder ein Samba vielleicht? Ein Wellness-Wochenende? Eine Bergtour? Oder ein gutes Gespräch mit Freunden bei einem Glas Wein? Eine Sportart als Ausgleich? (Erfolgserlebnisse, Anerkennung – aber bitte nicht wieder hektisch draufstürzen und die Fehler am Arbeitsplatz wiederholen.) Sie müssen nicht der oder die Beste sein. Sie dürfen es (wenn es sich so ergeben sollte), aber müssen es nicht! Worauf haben Sie persönlich Lust? Was wollten Sie schon immer machen? Und bitte nicht nur einmal und dann nie wieder! Sondern versuchen Sie, eine gewisse Regelmäßigkeit zu erreichen. Ritualisieren!

Für Arend Oetker, den Urenkel des Bielefelder Pudding-Konzerns, sind beispielsweise Musik, Kunst und Natur die Mittel zum Überleben. Vielleicht sind Sie Experte auf einem Gebiet und schreiben darüber ein Buch oder halten in einer Chronik Familienerinnerungen wach oder versuchen sich einfach nur als Hobby-Romanautor. Für den einen ist sogar Rasenmähen Entspannung (für einen der Buchautoren), für andere eher das Gegenteil (für den anderen Buchautor). Und wenn Ihnen gar nichts zusagt, stellen Sie sich die Fragen: Was habe ich früher gern getan? Was würde ich tun wollen, wenn ich einmal viel Zeit hätte?

Und vergessen Sie nicht dabei die Stille, um nicht dem Freizeitstress auf den Leim zu gehen. Denken Sie daran, auch Jesus Christus, der Gottessohn, suchte die Stille und gab seinen Jüngern diesen Rat mit fürs Leben. Zum Beispiel kann auch ein Klosteraufenthalt dem Leben wieder Spannkraft und Weite geben. Immer mehr Klöster bieten mittlerweile Einkehrtage an.

Mittel zum Überleben

Stille

Checkliste: Wo ist Ihre Freitzeitoase?

Überlegen Sie, welches Freizeitprogramm Ihren Interessen entspricht – und ergänzen Sie bei Bedarf:

❏ Anderen Menschen helfen

❏ Ausstellungen/Museen

❏ Basteln/Werken

❏ Bücher/Zeitungen/Magazine

❏ Denksportaufgaben (Kreuzworträtsel)

❏ Einkaufsbummel

❏ Essen gehen

❏ Faulenzen

❏ Filmen/Fotografieren

❏ Freunde treffen und zusammen etwas unternehmen

❏ Gäste einladen/andere besuchen

❏ Gartenarbeiten

❏ Gesellschaftsspiele (Brettspiele)

❏ (persönliche) Hobbys pflegen

❏ Kino

❏ Malen

❏ Musizieren/Singen

❏ Partys besuchen

❏ Reisen (Urlaub, Städtetrips)

❏ Renovierungsarbeiten

- ❏ Sonnenuntergang beobachten
- ❏ Spazieren gehen/Wandern
- ❏ Sport treiben
- ❏ Sportveranstaltungen besuchen
- ❏ Theater/Konzert
- ❏ Zärtlichkeiten austauschen

Positive Arbeitsplatzgestaltung

Wenn Sie sich im Büro gar nicht wohlfühlen, dann bringen Sie sich doch Ihre Lieblingspflanze mit oder hängen Sie ein Bild auf, das Ihnen gut tut. Indem Sie das Büro aufhübschen, schaffen Sie sich eine angenehmere Atmosphäre. Was können Sie sonst noch positiv gestalten?

Wenn Sie freilich eh schon viel zu viele Stunden im Büro verbringen, darf Ihr Arbeitsplatz keine Urlaubsinsel sein. Ansonsten fühlen Sie sich im Büro noch wohler und gehen gar nicht mehr nach Hause.

Kontakte mit wirklichen(!) Freunden pflegen

Der größte Fehler ist, mit niemandem über seine Arbeit und seine Probleme zu sprechen. Der zweitgrößte Fehler ist, mit den falschen Personen darüber zu sprechen. Häufig empfiehlt es sich nicht, mit Kollegen – außer nur oberflächlich – darüber zu sprechen, weil Sie davon ausgehen müssen, dass alles Gesagte die Runde macht. Wenn Sie keine(n) gute(n) private(n) Freund(in) haben (Tipp: eventuell Testballon starten, ob Sie ihm/ihr wirklich vertrauen können), dann treffen Sie sich mit anderen Betroffenen. Und: Lassen Sie Ihre besten Freunde immer mal wieder wissen, wie wertvoll sie Ihnen sind.

Mit Freunden sprechen

Sichtweise ändern

Etappenziele

Die Perspektive heißt nicht „Was stimmt nicht mehr mit mir?", sondern stellen Sie sich besser die Frage: „Was kann ich tun, um die Situation zu verändern?" Mit dieser Frage erweitert sich Ihr Veränderungsspielraum. Dabei sollten Sie sich freilich realistische Vorstellungen machen – idealisierte Veränderungswünsche treiben Sie noch tiefer in den Schlamassel. Beispiel: Sagen Sie nicht: „Ab morgen gehe ich immer Punkt 17 Uhr aus dem Büro." Sagen Sie besser: „Ab morgen gehe ich jeden zweiten Abend (oder drei Mal die Woche) eine halbe Stunde früher aus dem Büro." Das heißt: Setzen Sie sich realistische Etappenziele – und wenn einmal was schief geht und Sie es nicht schaffen – was soll's! Wichtig ist nur, dass die Flugrichtung stimmt. Anderes Beispiel: Sagen Sie nicht: „Ich muss jetzt drei Mal die Woche eine Stunde joggen." Sagen Sie besser: „Ich darf (oder möchte) in den ersten sechs Wochen einmal die Woche mit einer Viertelstunde Joggen beginnen." Dann können Sie sich weitere Etappenziele setzen – ansonsten ist das Scheitern quasi programmiert. Freuen Sie sich über kleine Erfolge.

Positive Rituale geben Halt: Beispiele für Arbeitsrituale

❏ Vor Arbeitsschluss den Schreibtisch aufräumen (aber nur, wenn das keinen negativen Stress erzeugt) oder vor Arbeitsbeginn den Schreibtisch aufräumen (aber nicht zur Arbeitsvermeidung)
❏ Um 14 Uhr eine Tasse Tee trinken
❏ Nach dem Mittagessen einen kurzen Spaziergang machen
❏ Sich einmal in der Woche mit einem lieben Menschen zum Essen verabreden
❏ Erfolgreiche bzw. positive Tage mit einem Smiley im Kalender eintragen
❏ Sich mit Kollegen in der Kaffeeküche treffen, um eine kurze Pause einzulegen
❏ Musik hören in kreativen Phasen

Verabschieden Sie sich vom Perfektionismus und von falschen Annahmen!

Perfektionismus kostet viel Zeit und Energie – und: Auch Perfektionisten machen Fehler (und sind darüber äußerst ungehalten). Irren ist wahrlich menschlich. Also: Seien Sie Pareto-Optimist (s. Kapitel 6). Wer nach Perfektion und absoluter Kontrolle strebt, muss zwangsläufig früher oder später scheitern. Barmherzigkeit mit sich und anderen zu üben ist eine reine Wohltat. Über Mutter Theresa wird man auch noch in 100 Jahren reden, nicht weil sie perfekt, sondern weil sie barmherzig war.

Das Leben besteht nicht nur aus Dichotomien

Verabschieden Sie sich von der Schwarz-Weiß-Malerei: Das Leben besteht nicht nur aus Dichotomien wie richtig – falsch, schön – hässlich, reich – arm, dumm – intelligent, groß – klein etc. Es gibt wesentlich mehr Farbtöne.

Verlassen Sie sich nicht (allein) auf das Urteil anderer. Motto: „Was wird … sagen, wenn …"

Haben Sie so Formulierungen wie „Ich bin nur …" in Ihrem Gedankengebäude? Wer extrem, negativ und kategorisch denkt, verspannt schneller und stresst sich eher. Niemand hindert Sie, negative Formulierungen im gedanklichen Meer zu versenken und durch positive zu ersetzen. Denken Sie sich frei! Bei diesem Gedankenspiel können Sie sich vorstellen, wie Sie z. B. nicht mehr überrumpelt werden.

Und noch eine falsche Annahme oder Festlegung, wie es die Psychologie auch nennt: Sie müssen es nicht allen recht machen und von allen geliebt werden. Im ersten Kapitel haben Sie bereits erfahren: Die Angst vor der Angst ist meist größer als die tatsächliche Gefahr. Komisch, in der Natur entstehen aus Mücken keine Elefanten, in der menschlichen Gedankenwelt scheinen die Rüsseltiere vieles zu beherrschen.

Sie müssen es nicht allen Menschen recht machen!

Und wenn Sie sich nur eins merken möchten, dann dieses: In den meisten Fällen geht Unglücklichsein auf innere Gedanken und nicht auf äußere Ereignisse zurück. Ein Schuss Selbstironie und das Sich-selbst-auf-den-Arm-nehmen-Können bereichern den

Erfrischungscocktail zusätzlich. Versuchen Sie auch nicht, Dinge zu kontrollieren, die Sie nicht kontrollieren können. Sie sind nicht für alles verantwortlich!

Einstellungen, die unzufrieden machen und stressen, wenn man's übertreibt – und Gegenmaßnahmen

	Typischer Satz	Gegenmaßnahme
Anerkennungsstreben	„Ich benötige Streicheleinheiten und Lob von meinem Chef (und von meinen Kollegen)."	Geben Sie zwar Ihr Bestes, strengen Sie sich an. Aber die Erfolgsmaßstäbe sollten Sie festlegen. Sie wissen selbst am besten, was Sie wollen und können – und was nicht. Machen Sie sich innerlich unabhängiger von der Meinung anderer.
Erwartungsdruck	„Was die anderen von mir erwarten, ist richtig; ich muss diese Erwartungen unbedingt erfüllen."	Zwei Schritte: 1. Häufig nimmt man an, was andere von einem erwarten, ohne es genau zu wissen: Klären Sie deshalb, was andere wirklich von Ihnen erwarten.

2. Über unterschiedliche Erwartungen kann man verhandeln. Sprechen Sie deutlich an, was Sie leisten können und wollen – und was nicht (Ja zum Nein).

Gruppenzwang

„Ich kann es mir nicht erlauben, anders zu sein als die anderen und aus der Reihe zu tanzen. Ich muss so sein wie die anderen."

Überprüfen Sie: Was ist wirklich wichtig für Ihre Arbeit (und die Arbeit Ihrer Abteilung)? Manche (nicht alle) Zwänge sind selbst gemacht. Außerdem: Gruppendruck kann sehr negative Auswirkungen haben, wie die Vergangenheit lehrt. Finden Sie z. B. auch Ihren persönlichen Arbeitsrhythmus: Für Jürgen Heraeus, Aufsichtsratchef des größten Familienunternehmens in Deutschland, heißt das morgens „früh anfangen".

Leistungszwang	„Ich bin, was ich leiste."	Dieser häufige Glaubenssatz ist ein sehr gefährliches und vor allem fragiles Fundament für ein gutes Selbstwertgefühl. Sie sind auch so wertvoll (ansonsten wären ja auch Kinder, die beruflich noch nichts leisten, wertlos).
Perfektionismus	„Ich darf keine Fehler machen. Ich muss mich unangreifbar machen."	Kein Mensch ist fehlerfrei. Ohne Fehler gibt es auch keine Weiterentwicklung. Denselben Fehler sollten Sie allerdings möglichst vermeiden.
Zeitdruck	„Ich habe keine Zeit … … für meine Familie … für meine Hobbys … etc."	Stopp! Jeder Tag hat für jeden 24 Stunden – auch für Sie. Sie sind für Ihre Zeiteinteilung verantwortlich. Für wirklich wichtige Dinge hat man Zeit – vielleicht nicht immer sofort, aber in verlässlichen Rhythmen.

Nehmen Sie Widerstände als Fitnesstraining (positiv umdeuten)

Immer den einfachen und scheinbar leichten Weg einzuschlagen, um Problemen aus dem Weg zu gehen, führt meist zur Trägheit. Wer einmal seinen Arm oder sein Bein im Gips hatte, kennt den Effekt: Nach ein paar Wochen kommt ein kümmerliches Ärmchen oder Beinchen hervor, weil die Muskeln nicht gebraucht wurden. Wie oft hören wir auch den Satz „Ich bin halt so …", der so lieb entschuldigend klingt. Wie stark Ihre Vergangenheit Sie noch heute beeinflusst und belastet, entscheiden zu einer gehörigen Portion Sie selbst!

Sport und Ernährung spielen eine wichtige Rolle

Stichwort Sport: Wir bewegen uns um zwei Drittel weniger als noch vor 100 Jahren (und lassen im Stuhl hockend unsere 500 Muskeln immer mehr verkümmern). Wählen Sie eine Sportart, die Ihnen liegt, aber fangen Sie auf alle Fälle mit regelmäßigem Sport an. Jogging baut beispielsweise nachweislich Stress und Spannung ab und fördert zugleich nach medizinischen Erkenntnissen Kreativität und Denkvermögen. Voilà, wer sagt's denn – das Notwendige mit dem Nützlichen verbinden. Und versuchen Sie, doch auch ein paar einfache Fitnessregeln im Büro umzusetzen: (1) Treppe statt Aufzug. (2) Lesen oder Telefonieren im Stehen und dabei möglichst noch etwas auf- und abgehen, so weit die Strippe es zulässt. (3) Nach dem Essen mindestens 10 Minuten spazieren gehen, weil das gesunde Mittagsnickerchen meist nicht möglich ist, – und mittags kontrolliert, d. h. wenig essen (müssen sich die Autoren des Buches auch immer wieder selbst sagen). Und wie wär's noch mit etwas Rückenentspannung: ein- bis zweimal täglich für 20 Sekunden Schultern und Kopf langsam kreisen, zehnmal täglich fünf bis zehn Sekunden auf den Fußspitzen stehen.

Verbinden Sie das Notwendige mit dem Nützlichen

Ausgewogene Ernährung

Stichwort Ernährung: Kalorien sind eine Kriegserklärung an den Körper: Für einen Schokoriegel muss man eine Stunde schwimmen, eine Tüte Chips ist nach rund 90 Minuten Radfahren verarbeitet, für einen halben Liter Bier muss man eine Stunde wandern. Eine ausgewogene Ernährung, wie es immer so schön heißt, bekommt dem Körper am besten: So haben z. B. Forschungsarbeiten am MIT (Massachusetts Institute of Technology) in Cambridge, USA, ergeben, dass eine dauerhaft kohlenhydratarme Ernährung (z. B. Verzicht auf Nudeln) zu stärkeren (negativen) Stimmungsschwankungen führt. Hintergrund: Kohlenhydrate stimulieren – ebenso wie z. B. Schokolade – die Produktion von Serotonin, jenen Botenstoff im Gehirn, der die Gefühlslage des Menschen reguliert.

Koffein ist sicher keine sinnvolle Lösung, seine Leistung zu pushen, auch wenn es einem nicht so wie dem französischen Schriftsteller Balzac gehen muss: Er trank täglich rund 50 Tassen starken schwarzen Kaffee – und starb an Koffeinvergiftung.

Stehen Sie auf mehreren Beinen

Sie brauchen mehrere Säulen!

Haben Sie das Bild eines römischen oder griechischen Tempels vor Augen, der auf mehreren Säulen steht. Eine Säule allein trägt das Bauwerk nicht. Wenn Sie also mehrere tragfähige Säulen haben (und nicht nur die Säule Arbeit), stürzt Ihnen nicht so schnell die Decke auf den Kopf! Versuchen Sie, in mehreren Bereichen Ihres Lebens Zufriedenheit zu erreichen – empfehlen auch Laura Nash und Howard Stevenson in der *Harvard Business Review* (2/2004). Und noch ein Tipp: Achten Sie auf das „Frühwarnsystem" Ihres Körpers, das Ihnen zeigt, wenn Sie kurz davor sind, wieder auf dem Zahnfleisch zu gehen, um rechtzeitig gegenzusteuern. Bevor Sie sich mit den anderen Arbeitswütigen auf der Intensivstation treffen.

Resümee

Wachen Sie heute auf: Haben Sie Ihr Privatleben zugunsten der Karriere geopfert? Erst wenn es mit der Karriere nicht klappt oder die Rente bedrohlich nahe kommt, merken viele, dass sie sich einzig ihrem Job verschrieben haben. Der amerikanische Bestseller-Autor Stephen Corvey überschreibt ein Buchkapitel mit dem Satz „Wer bereut auf dem Sterbebett, dass er zu wenige Stunden im Büro verbracht hat?" Was soll über Sie einmal später, wenn Sie nicht mehr da sind, gesagt werden? Vielleicht hilft Ihnen auch das Aperçu des früheren Präsidenten der Deutschen Bundesbank, Karl Otto Pöhl: „Merkwürdig, wie unwichtig deine Tätigkeit ist, wenn du um eine Gehaltserhöhung bittest, und wie wichtig sie wird, wenn du einen Tag freinehmen möchtest."

Wer bereut auf dem Sterbebett, dass er zu wenige Stunden im Büro verbracht hat?

Ganz wichtig: Definieren Sie Ihren Selbstwert nicht – allein – über Ihre (Arbeits-)Leistung. Es gibt immer noch Bessere als Sie, und je älter Sie werden, wahrscheinlich immer mehr bessere andere. Haben Sie ein sinnvolles Lebensziel, das auch im Alter noch trägt, wenn Sie sich nicht mehr über Arbeit definieren können? Weichen Sie dieser Frage nicht aus! Keine Frage, das braucht Mut! Doch machen Sie sich nichts vor: Jetzt können Sie noch Weichen stellen. Mit 70 oder 80 Jahren fällt dies massiv schwerer oder ist – ehrlich geschrieben – nahezu unmöglich. Hinterfragen Sie eigene Einstellungen und Verhaltensweisen: Leben Sie oder werden Sie gelebt? Dabei können auch Fremdeinschätzungen von guten (!) Freunden helfen. Der Herzinfarkt beginnt im Kopf, meint der Kardiologe Dr. Kurt Skroka. Ein nachdenkenswerter Satz. „Eines der Symptome eines sich ankündigenden Nervenzusammenbruchs ist die Empfindung, dass die eigene Arbeit etwas ganz schrecklich Wichtiges ist", hat Bertrand Russell (1872-1970), britischer Philosoph, Mathematiker und Literaturnobelpreisträger, festgestellt. Vielleicht hilft Ihnen dabei auch der folgende Bürospruch:

Leben Sie – oder werden Sie gelebt?

Du weißt nicht mehr, wie Blumen duften,
kennst nur die Arbeit und das Schuften,
so geh'n sie hin, die schönen Jahre,
auf einmal liegst du auf der Bahre.
Und hinter dir, da grinst der Tod:
Kaputtgerackert … Vollidiot.

Die typische Ausrede „Das mache ich alles, wenn ich einmal Zeit habe" ist Quatsch! Das funktioniert nie! Sie werden auch später nie dafür Zeit haben. Und haben Sie vor Augen, dass einiges in der Welt schizophren ist: Die „13" ist für viele eine Unglückszahl – in vielen Hotels gibt es keine Zimmernummer und bei Airlines keine Reihe mit „13". Doch wer von uns möchte auf sein 13. Monatsgehalt verzichten?

Sie haben in diesem Kapitel viele Tipps gelesen, was Sie tun können, um nicht auszubrennen. Dabei fehlt noch ein ganz wichtiger Tipp, der nicht nur zu Stresszeiten gilt: Seien Sie barmherzig zu sich selbst. Sie müssen nicht alles immer sofort können (auch nicht alles gleich umsetzen). Machen Sie es wie ein Sportler – trainieren Sie, Rückschläge eingeschlossen. Aber geben Sie (sich) nicht auf. Denn das Ändern von Lebensgewohnheiten und gute Vorsätze verursachen gern erst einmal Stress, gerade auch in schwierigen Lebensphasen. Aber lassen Sie sich nicht entmutigen, korrigieren Sie falsche Antreiber. Prioritäten, Ziele und Wünsche gehören regelmäßig auf den Prüfstand.

Weiterführende Informationen

Bücher:

Brockert, Siegfried: *Stress muss nicht sein*, Seehamer 2000
Burisch, Matthias: *Das Burnout-Syndrom. Theorie der inneren Erschöpfung*, Springer-Verlag 2001
Csikszentmihalyi, Mihaly: *Flow im Beruf*, Klett-Cotta 2004
Dieterich, Michael: *Stress, „Burnout" – wie gehe ich damit um?* In: Landmesser, Martin L./Sczepan, Johannes (Hrsg.): *Wie gehen wir mit uns und anderen um?*, Hänssler 2002
Ruthe, Reinhold: *Wenn Erfolg zur Droge wird*, Brendow 1995
Lothar Seiwert: *Wenn Du es eilig hast, gehe langsam*, Campus 2003
Selby, John: *Arbeiten ohne auszubrennen*, dtv 2004

6 Zeitmanagement

Ist die Zeit das Kostbarste unter allem,
so ist die Zeitverschwendung die allergrößte Verschwendung.
Benjamin Franklin (1706-1790)

Auf diese Fragen werden Sie Antworten bekommen:

❏ Warum brauche ich Zeitmanagement unbedingt?
❏ Wie schaffe ich in weniger Zeit mehr?
❏ Wie unterscheide ich das „Dringende" vom „Wichtigen"?
❏ Wie setze ich professionell Prioritäten?
❏ Warum sind Zeitdiebe so kriminell und wie kann ich damit umgehen?

Bei einem Gespräch einer jungen Nachwuchsführungskraft mit einem erfahrenen Manager eines anderen Unternehmens ging es um die Folgen seiner Beförderung. Der junge Mann resümierte: „Seit dem Ersten dieses Monats muss ich einfach noch mehr arbeiten." Der Manager konterte: „Nicht mehr, nur effizienter. Wenn Sie noch mehr arbeiten, steigt lediglich Ihre Fehlerquote und die Gefahr eines Burn-out. Wenn Sie effizienter arbeiten, entgehen Sie dieser Falle." Mit anderen Worten: Professionelles Zeitmanagement ist heute Pflichtprogramm.

Nicht mehr, sondern effektiver arbeiten

In den vergangenen Jahren hat ein Phänomen die Arbeitswelt nachhaltig verändert. Immer weniger Mitarbeiter müssen immer mehr Aufgaben erledigen. Der Druck wächst, Fehler oder Versäumnisse häufen sich. Kunden reklamieren, wir bekommen noch mehr Druck, denn Reklamationen müssen sofort bearbeitet werden. Dringende Tätigkeiten drohen gefährlich anzuschwellen, gar zu eskalieren – und wir verlieren den Überblick. Wissenschaftler nennen das dann so wohlklingend „Arbeitsverdichtung". Daraus haben sich diverse Folgephänomene ergeben – einigen sind wir im vorigen Kapitel zum Thema Stress und Burn-out schon begegnet. Natürlich tröstet diese Erkenntnis wenig, aber immerhin kennen wir den „Gegner". Stephen Covey, US-Bestseller-Autor und einer der Zeitmanagement-Experten, hat diese Beschleunigungsfalle des Arbeitslebens passend mit „Dringlichkeitssucht" bezeichnet.

„Arbeitsverdichtung"

Nur noch dringliche oder „äußerst dringende" Aufgaben können erledigt werden. Dafür bleibt das Wichtige, das, was gut vorbereitet werden muss, bei dem Sie geplant und strukturiert vorgehen müssen, auf der Strecke. Der Zeitmanagement-Spezialist, Trainer und Buchautor Lothar J. Seiwert plädiert daher für eine dringend notwendige „Entschleunigung". Wir müssen unseren Arbeiten wieder die richtige, angemessene Zeit geben. Doch wie?

Was ist eigentlich Zeit?

In der deutschen Sprache gibt es einen Begriff für Zeit. Die antiken Griechen nahmen es viel genauer und hatten drei Begriffe mit sehr unterschiedlichen Bedeutungen:

Zeit – quantitativ

1. Chronos: die messbare Zeit (daher stammt auch das Wort Chronometer), die ablaufende Zeit: Alles ist gleichwertig, jede Sekunde. Wir haben es hier also mit einem rein *quantitativen* Zeitbegriff zu tun.
2. Kairos: der Zeitpunkt, der Augenblick, die besondere, die günstige Zeit. Dazu ein Beispiel: Wenn Sie von Ihrem Chef eine Entscheidung haben wollen, wissen Sie meist, wann Sie Ihn besser nicht danach fragen – weil er vielleicht schlechte Laune hat oder zu viel Stress. Irgendwann gibt es aber einen günstigen Zeitpunkt. Und dann müssen Sie zuschlagen. Die Chance, Ihr Ziel jetzt zu erreichen, ist hundert Mal größer als vorher. Das ist der Kairos, der günstige Augenblick.
   Ein weiteres Beispiel: Wenn ein Mann seiner Frau zum Hochzeitstag einen riesigen Strauß roter Rosen überreicht – einen Tag zu spät, wird die Freude eher gering ausfallen. Er hat schlichtweg den Kairos verpasst.

Zeit – qualitativ

Der Kairos ist ein *qualitativer* Zeitbegriff. Oft auf einen Punkt fixiert, bietet Ihnen der Kairos Chancen, Ihre Ziele leichter und mit weniger Aufwand zu erreichen.

3. Äon: der Zeitraum, die Epoche, die Weltzeit, die abgeschlos- **Das Zeitfenster**
sene Zeit. Hier handelt es sich um einen Zeitrahmen. Der Äon
hat einen Beginn und ein Ende. Im Zeitmanagement spricht
man von einem Zeitfenster. Der Äon hat einen *quantitativen*
und einen *qualitativen* Aspekt. Jedes Produkt auf dem Markt
hat einen Lebenszyklus. Beispiel Auto: Es wird entwickelt,
kommt zu einem bestimmten Zeitpunkt auf den Markt und
wird durchschnittlich nach ca. drei bis fünf Jahren durch das
Nachfolgemodell ersetzt.

Im Leben eines Menschen gibt es verschiedene Äonen: das
Säuglingsalter, die Kindheit, die Pubertät, das Erwachsenenal-
ter, das Alter. Äonen haben einen Beginn und müssen irgendwann abgeschlossen werden. So kann die Zeit, die Sie für ein
Unternehmen arbeiten, auch als Äon (Epoche) betrachtet
werden. Beenden Sie diese tägliche, wöchentliche, monatliche,
jährliche Zeit zum richtigen Zeitpunkt?

Übrigens: Wenn Sie bei einer Tätigkeit die Deadline über-
schritten haben, waren Sie insgesamt nicht erfolgreich, egal
wie qualitativ hochwertig Sie gearbeitet haben. Die optimale
„Chronologie" entsteht, wenn Sie den „Kairos" treffen und
der „Äon" zum passenden Zeitpunkt gestartet und abgeschlossen wird.

Prioritäten

„Wir haben eine gleich bleibende Menge an Zeit, egal, was wir
tun. Unsere Herausforderung besteht darin, uns selbst zu managen. Um ein guter Selbst-Manager zu sein, müssen Sie Ihre
Prioritäten organisieren und ausführen", so Peter Drucker
(1909-2005), Pionier des modernen Managements und US-
Bestseller-Autor österreichischer Abstammung.

Kennen Sie folgendes Gefühl: Sie haben an einem Arbeitstag zehn Stunden hart gearbeitet und fragen sich dennoch am Abend: „Was hast du heute eigentlich geschafft?" Wenn das bei Ihnen auch immer wieder so ist, liegt der Grund dafür in Ihrem Zeitmanagement. Genauer gesagt bei Ihren Prioritäten.

Beginnen wir mit einem kleinen Selbsttest: Wer oder was hat bei Ihnen Priorität? Bitte kreuzen Sie Ihre Erfahrungen an!

Trifft zu

Was vom Chef kommt?   ❏

Wer viel Wind macht oder autoritär auftritt?   ❏

Was dringlich ist?   ❏

Was vom Kunden kommt?   ❏

Was wichtig ist?   ❏

Was „oben" liegt (als Erstes anliegt)?   ❏

Was schnell geht oder was Sie gern tun?   ❏

Wo Sie nicht nein sagen können?   ❏

Auswertung: Bei diesen verschiedenen Möglichkeiten darf nur ein Kriterium als absolute Priorität gelten: Was wichtig ist. Warum? Gehen Sie die einzelnen Möglichkeiten einmal durch:

❏ Vieles, was vom Chef kommt, hat Zeit.
❏ Wer viel Wind macht oder autoritär auftritt, hat es oft nötig, so zu agieren. Es steckt meist nicht viel dahinter.
❏ Das „Dringende" muss nicht automatisch „wichtig" sein.
❏ Was vom Kunden kommt, hat Priorität, wenn Sie für Kundenbetreuung (mit-)verantwortlich sind.

❏ Das Wichtige hat wirklich Priorität, insbesondere wenn es gleichzeitig noch dringlich ist. Das sind in diesem Fall „Feuerwehraufgaben": Es brennt – und Sie müssen hin und so lange arbeiten, bis der „Brand" gelöscht ist.

❏ Was „oben" liegt. Wenn Sie mit der „chronologischen Stapelmethode" arbeiten frei nach dem Motto: So wie es kommt, wandert es auf meinen „Zu-bearbeiten-Stapel", wird es nach einigen Tagen einen Bodensatz geben, der nie bearbeitet wird.

❏ Was schnell geht oder Sie gerne tun, muss nicht gleichzeitig wichtig sein.

❏ Wo Sie nicht nein sagen können: Das sind oft Aufgaben, die auf dem Schreibtisch des Vorgesetzten oder Kollegen einige Tage gewartet haben. Jetzt sollen Sie die Kohlen aus dem Feuer holen.

Wie setze ich in Zukunft meine Prioritäten richtig?

Zuerst einmal ist es wichtig zu wissen, dass die richtigen Prioritäten ca. 50 Prozent Ihres Zeitmanagement-Verbesserungspotenzials ausmachen können.

Prioritäten sind aber doppelt relativ und müssen daher jeden Tag überprüft bzw. neu gesetzt werden:

❏ Was für Ihren Chef eine niedrige Priorität hat, kann für Sie selbst eine hohe Priorität haben.

❏ Was vorgestern noch eine geringe Priorität hatte, steht heute in der Liste ganz oben. Denn die Erledigungsfrist ist heute Abend.

In unseren Zeitmanagement-Trainings versuchen wir, eine Priorisierungstechnik durch ein kleines Spiel zu erläutern. Spielen Sie mit:

Sammeln Sie die Hunderter-Scheine auf!

Der Trainer hat 400 Euro in der Hand, aufgeteilt in 40 Fünfer- (ergibt 200 Euro) und 2 Hunderter-Scheine (ergibt 200 Euro). Diese werden in die Luft geworfen und verteilen sich im Raum. Jetzt bekommt einer der Teilnehmer folgende Aufgabe: „Alles, was Sie in den nächsten fünf Sekunden aufsammeln, gehört Ihnen!"

An dieser Stelle müssen wir ehrlicherweise sagen: Es sind keine echten Scheine. In 99 Prozent der Fälle sammelt dieser Teilnehmer zuerst die beiden Hunderter und versucht dann noch, so viele Fünfer wie möglich zu bekommen. In der Regel bringen es die meisten auf ca. 250 Euro. Das ist genau richtig. Es wäre auch nicht effektiv, wahllos zu sammeln, um nach fünf Sekunden zwar 11 Scheine in der Hand zu halten, aber nur 55 Euro zu besitzen.

Die Technik, die dahintersteckt, entstammt dem „80:20 Prinzip" des italienischen Ökonomen Vilfredo Pareto:

Das Pareto-Prinzip

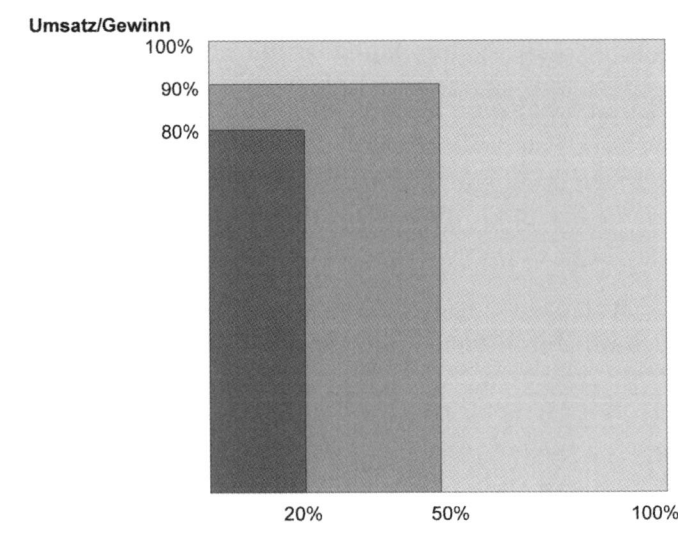

Pareto fand heraus, dass Aufwand und Ergebnis im wirtschaftlichen Handeln in einem krassen Missverhältnis stehen: Mit lediglich 20 Prozent Aufwand erreichen wir bereits 80 Prozent unseres Ergebnisses. Für die restlichen 20 Prozent müssen wir 80 Prozent unserer Zeit aufwenden. In der Praxis finden Sie dieses Phänomen sehr häufig:

❏ Mit ca. 20 Prozent der Kunden macht ein Unternehmen ca. 80 Prozent der Umsätze (so genannte A-Kunden).
❏ 20 Prozent der Mitarbeiter in der Herstellung produzieren 80 Prozent des Ausschusses.
❏ 20 Prozent der Kunden bringen 80 Prozent aller Reklamationen.

So können Sie mit 20 Prozent Ihres Zeitaufwandes bereits 80 Prozent Ihres Ergebnisses erzielen. Sie müssen nur die richtigen 20 Prozent herausfinden.

Wenn Sie abends so unzufrieden nach einem arbeitsreichen Tag aus Ihrer Firma gehen, wie oben beschrieben, kann das daran liegen, dass Sie sich an diesem Tag nur um Ihre „Fünf-Euro-Scheine" bemüht haben. Sie haben zuerst die Aufgaben bearbeitet, die weniger Wert hatten, und haben sich damit zu lange aufgehalten. Die „Hunderter" sind liegen geblieben. Dafür hatten Sie bis zum Feierabend keine Zeit mehr. In diesem Moment sind Sie unbewusst unzufrieden mit dem, was Sie geschafft haben.

Ab heute können Sie durch das Setzen der richtigen Prioritäten viel Energie und Zeit sparen. Stellen Sie sicher, dass Sie an jedem Tag Ihre „Hunderter" bearbeiten und sich dafür die entsprechende Zeit nehmen. Danach sind natürlich auch die „Fünfer" dran, aber nicht so exakt und perfekt. Bitte denken Sie nicht, dass diese nicht so wertvollen oder wertschöpfenden Aufgaben liegen bleiben können. Das könnte ins Auge gehen.

Erst die „Hunderter", dann die „Fünfer"

Wenn Sie z. B. einen neuen Kollegen nicht einarbeiten, ihm nicht seine Aufgaben erklären und ihn arbeiten lassen nach dem Motto: „Wenn ich es selbst erledige, bin ich schneller fertig", haben Sie langfristig sehr ineffizient gearbeitet. Dies wäre zwar eine Aufgabe, bei der Sie heute mit viel Aufwand wenig Ergebnis erreichen, denn Sie müssen vieles erklären und überwachen (also 80:20). Haben Sie ihn aber nach einer gewissen Zeit gut eingearbeitet, wird er Sie in Zukunft entscheidend entlasten können, indem Sie Aufgaben kurz und prägnant an ihn delegieren. Delegieren bedeutet: wenig Aufwand und viel Ergebnis (20:80). Das Pareto-Prinzip bietet noch eine weitere Sichtweise: Im Ausland gelten Deutsche oft als Perfektionisten. Dieser Umstand hat auf der einen Seite das Label „Made in Germany" zu einem Qualitätsbegriff gemacht. Bei vielen Produkten, Tätigkeiten und Leistungen wird aber keine hundertprozentige Qualität erwartet. 80 Prozent können auch bereits genügen. Perfektionismus wäre hier nicht angebracht.

❏ Beispiel 1: Wenn Sie das Protokoll einer Besprechung drei Mal Korrektur lesen, es zwei Kollegen zum Überprüfen geben, es anschließend mit dem ästhetischsten Schrifttyp versehen, danach noch professionell layouten und in farbige Power-Point-Charts packen und dann versenden: Perfektionismus an der falschen Stelle, weil auch ein handschriftlich gefertigtes, kopiertes Exemplar genügt hätte.

❏ Beispiel 2: Gehen Sie auf der anderen Seite aber auch nicht hin und sagen bei einem wichtigen Vertragsentwurf: „80 Prozent Genauigkeit genügen schon." An dieser Stelle würden Sie sich massive Probleme einhandeln.

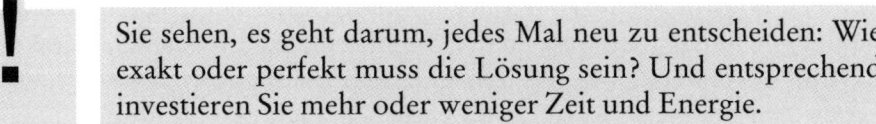

Sie sehen, es geht darum, jedes Mal neu zu entscheiden: Wie exakt oder perfekt muss die Lösung sein? Und entsprechend investieren Sie mehr oder weniger Zeit und Energie.

Auf den Spuren des US-Präsidenten: Prioritäten setzen mit Dwight D. Eisenhower

Eine weitere Hilfe, Prioritäten optimal zu setzen, finden Sie mit der Eisenhower-Methode: Dem deutschstämmigen (Großvater aus Hessen) ehemaligen US-Präsidenten Dwight D. Eisenhower fiel beim Beurteilen von militärischen Strategien der Zusammenhang von „Wichtigkeit" und „Dringlichkeit" einer Aufgabe auf.

❑ Dringende Dinge verlangen sofortige Aufmerksamkeit, aber die meisten haben keinen direkten Einfluss auf unseren langfristigen Erfolg. **Dringlichkeit und Wichtigkeit**

❑ Wichtige Dinge bringen Ergebnisse. Sie helfen uns, voranzukommen. Leider schieben wir sie oft vor uns her, weil wir dringenden Aktivitäten Vorrang geben. Eine einfache Testfrage lautet: Was bringt es Ihnen/Ihrer Firma, wenn Sie diese Sache gut erledigen?

Eisenhower fand heraus, dass nicht jede Aufgabe, die dringlich ist, gleichzeitig auch eine hohe Wichtigkeit besitzt, und dass umgekehrt eine Aufgabe, die besonders wichtig ist, nur selten sofort erledigt werden muss. Dieser Zusammenhang wurde später als die Eisenhower-Regel bekannt.

In der folgenden Grafik erkennen Sie auf der horizontalen X-Achse von links nach rechts die wachsende Dringlichkeit, auf der vertikalen Y-Achse von unten nach oben die wachsende Wichtigkeit einer Aufgabe.

Wichtigkeit

Konsequent planen B	Sofort erledigen A Angemessen Zeit nehmen
Papierkorb	Sofort bzw. kurzfristig tun C Delegieren

Dringlichkeit

Viele Aufgaben erledigen sich von selbst

❏ 1. Quadrant (links unten):
Aufgaben, die weder wichtig noch dringend sind, sagt die Eisenhower-Regel, gehören in den Papierkorb. Was passiert normalerweise damit? Sie legen diese Aufgaben zur Seite mit dem Gedanken: „Irgendwann, wenn ich einmal viel Zeit habe, werde ich diese Sache bearbeiten." Bevor dieses „Irgendwann" eintritt, wandern eher noch mehr solcher Aufgaben an diesen Ort und es bildet sich ein Stapel. Wenn Sie sich nach einem halben Jahr oder später diesen Stapel vornehmen, passiert das, was vorher bereits möglich gewesen wäre. Sie werfen 80 Prozent dieser Aufgaben weg. Warum? Diese Aufgaben haben sich von allein erledigt. Niemand hat mehr danach gefragt. Irgendwann, früher oder später, landen sie sowieso dort. Welche Dinge können das in der Praxis sein? Werbebriefe, viele Mails, insbesondere die, bei denen Sie cc (carbon copy) stehen, Rundschreiben, Protokolle von Meetings anderer Abteilungen/Fachbereiche etc.

Ihr Motto für diese Aufgaben heißt künftig: „MzW". Mut
zum Wegwerfen, damit Sie solche Dinge nur einmal anfassen
müssen – auf dem Weg in den Papierkorb.

❏ 2. Quadrant (rechts unten):
C-Aufgaben die dringend, aber nicht besonders wichtig sind.
Diese können Sie entweder delegieren, weil Ihre Qualifikation,
Ihr Know-how oder Ihre Anwesenheit nicht unbedingt nötig
sind. Oder Sie bearbeiten sie kurz und sofort, weil diese
Aufgaben für andere wichtig sein können. Worum handelt es
sich hier? Anfragen nach Informationen, Meetings, E-Mails,
Anrufe. Bei diesen Aufgaben können Sie Ihr Zeitmanagement
dadurch verbessern, indem Sie so viel wie möglich delegieren,
Arbeitspakete bündeln (z. B. Telefonate „am Stück" erledigen)
und sich dabei konkrete Zeitziele bei der Bearbeitung setzen.

**C-Aufgaben delegieren
oder schnell bearbeiten**

❏ 3. Quadrant (rechts oben):
A-Aufgaben von hoher Wichtigkeit, die gleichzeitig sehr
dringend sind. Hier ist Ihre Qualifikation gefragt. Das ist
Krisenmanagement. Diese „Feuerwehraufgaben" erfordern
Ihre Anwesenheit und müssen sofort und zu Ende bearbeitet
werden. Beispiele: Produktionsausfälle durch Maschinen-
oder Bandstillstand, Reklamationen, eilige Angebote. Bei
diesen Aufgaben wird Ihr schön erstellter Tagesplan oft
komplett zerstört. Durch Zeitmanagement können Sie in
diesem Quadranten wenig bewirken.

Feuerwehraufgaben

❏ 4. Quadrant (links oben):
B-Aufgaben von hoher Wichtigkeit, aber ohne Termindruck.
Oft werden diese Aufgaben zur Seite gelegt – nach dem
Motto: „Ich habe ja noch drei Wochen bis zur Deadline." Eine
Woche später sagen Sie sich wieder: „Es ist ja noch genügend
Zeit." Bis Ihnen zwei Tage vorher plötzlich klar wird: „Es ist
schon fast nicht mehr zu schaffen." Jetzt kommen Hektik und
Stress auf. Die Fehlerquote steigt. Sie müssen dringend Infor-
mationen oder Ergebnisse von anderen haben. Damit machen
Sie sich bei Kollegen und Mitarbeitern in der Regel nicht
gerade beliebt. Aber genau hier liegt Ihre besondere Chance
im Zeitmanagement. Wenn Sie solche Aufgaben früh genug

**Wichtige Aufgaben, die
nicht dringend sind**

sorgfältig planen und strukturieren, können Sie sich viel Zeit, Stress, Reklamationen und Ärger sparen. In diesen Quadranten gehören auch Aufgaben, die Sie mit Ihrem Weitblick früh genug initiieren. Es kann konkrete Krisenprävention sein.

Es sind die wichtigen Aufgaben, die nicht dringend sind. Beispiele: Gespräche mit Mitarbeitern und Kollegen, eigene Fortbildung.

Exkurs: Wissenschaft und Zeitmanagement

Deutsche Manager sind generell überlastet: Trotz eines langen Arbeitstages von durchschnittlich 10,7 Stunden (Großbritannien: 9,5) arbeiten 28 Prozent der deutschen Manager oft auch am Wochenende, so eine Studie der Lexmark Deutschland GmbH.

Eine aktuelle Kienbaum-Studie zu Zeitmanagement und Work-Life-Balance internationaler Top-Manager: Insgesamt sind weniger als ein Drittel mit ihrem Zeitmanagement zufrieden. Insbesondere interne Ad-hoc-Aufträge bringen den Zeitplan der Manager durcheinander.

Die beiden amerikanischen Soziologen John P. Robinson und Geoffrey Godbey haben seit 1965 bis heute bei Versuchsgruppen systematisch Zeitprotokolle erhoben. Cross-Checks ergaben, dass Menschen, die 55 Stunden in der Woche gearbeitet haben, nach bestem Wissen und Gewissen 80 Arbeitsstunden angegeben haben.

Analyse des bisherigen Arbeitsstils

Bevor Sie Ihr Zeitmanagement praktisch verändern, ist es wichtig, Ihren bisherigen Arbeitsstil zu analysieren. Wenn Sie Ihre Stärken kennen, können Sie diese beibehalten. An Ihren erkannten Schwachpunkten sollten Sie dagegen arbeiten.

Eine Möglichkeit der Analyse ist, einen typischen Arbeitstag einmal nach folgendem Schema zu protokollieren:

❏ Halten Sie jede Tätigkeit mit genauer Uhrzeit fest, z. B. Diktieren, Telefonate, Besprechungen, Bearbeiten der Akte XY.

❏ Warten Sie damit nicht bis zum Nachmittag oder Abend, sondern notieren Sie immer, wenn Sie eine neue Tätigkeit beginnen.

❏ Erfassen Sie jede Unterbrechung einer Tätigkeit – durch Kollegen, Chef oder Anrufe – und wie lange diese gedauert hat.

Der Aufwand: Es hört sich nach viel Arbeit an, doch es beansprucht Sie, zählt man die Einzelaktionen zusammen, nicht länger als 15 Minuten – Sie müssen nur daran denken!
Der Nutzen:

❏ Natürlich ist jeder Arbeitstag anders, aber der, den Sie aufgezeichnet haben, sollte für Ihre Arbeit repräsentativ sein.

❏ Trotzdem: Es gibt ganz typische Störgrößen, denen fast jeder Arbeitstag unterliegt.

❏ Der Bogen gibt Ihnen die Möglichkeit, für sich persönlich einen Maßnahmenkatalog zu entwickeln, um Ihre Arbeit effektiver zu organisieren.

 Bitte listen Sie ihren Tagesablauf mit möglichst genauer Uhrzeit auf. Notieren Sie in der letzten Rubrik Unterbrechungen, soweit vorhanden.

Mein Tagesablauf

Uhrzeit	Tätigkeit	Unterbrechungen

Die fünf Schritte einer effektiven Zeitplanung

Professionelles Zeitmanagement erfordert ein passendes Zeitplanungsinstrument.

Es kommt dabei nicht darauf an, ob Sie eher mit einem klassischen Organizer in Papierform oder einem elektronischen im PC oder einem Smartphone arbeiten. Es kann auch ein ausführlicher Jahreskalender sein. Entscheidend ist, dass dieses Werkzeug Sie in Ihrer Arbeit und Freizeit optimal unterstützt.

Wenn Sie sonst nichts aus diesem Kapitel umsetzen, was wir nicht hoffen, sollten Sie, falls Sie es nicht bereits tun, in jedem Fall eine tägliche Zeitplanung durchführen:

1. Sie beginnen damit, alle Tätigkeiten, die Sie selbst initiieren oder die an Sie herangetragen werden, aufzuschreiben.
2. Danach legen Sie bitte fest, wie lange Sie für jede Tätigkeit brauchen werden.
3. Jetzt ist es an der Zeit, klare Prioritäten zu setzen, um das Wichtige zur richtigen Zeit zu tun.
4. Anschließend entscheiden Sie, wer diese Aufgabe bearbeitet.
5. Neben der Tagesplanung ist eine Wochen- bzw. Monatsplanung eine sehr sinnvolle Ergänzung, je nachdem, wie weit Sie vorausplanen. Ist Ihr Ausblick langfristiger, sollten Sie eine Monatsplanung machen, haben Sie aber nur kurzfristige Tätigkeiten, genügt in der Regel eine Wochenplanung.

Tages-, Wochen- und Monatsplanung

Keine Angst und kein Stress: Sie brauchen für Ihre Tagesplanung selten mehr als fünf bis zehn Minuten. Für eine Monats- bzw. Wochenplanung sind es noch ein paar Minütchen mehr. Doch diese Planungszeit ist sehr effektiv investierte Zeit, die Sie im Alltag mehrfach wieder reinholen werden.

Und denkt man an nichts Schlimmes, lauern die Zeitdiebe auf Beute

Zeit ist aus zwei Gründen ein sehr kostbares Gut:

1. Sie ist knapp. Wünschen Sie sich auch manchmal, dass der Tag 30 statt 24 Stunden hat? Wir haben leider (oder Gott sei Dank!) nur diese 24 Stunden – und davon, den Schlaf abgezogen, etwa zwei Drittel zur Verfügung.
2. Zeit kann man nicht wieder zurückholen. Alles, was Sie heute an Zeit und Möglichkeiten versäumen, ist nicht wieder zurückzuholen.

Zweibeinige Zeitdiebe Daher ist Zeit sehr kostbar. Und da gibt es doch überall in der Firma und im Privatleben „Zeitdiebe". Sie stehlen etwas, das nur Ihnen gehört! Manchmal räubert die Technik: Ob der PC zu lange bootet, das Computernetz überlastet ist, der Kopierer streikt oder der Strom ausfällt … Aber es gibt auch eine Reihe von „zweibeinigen" Zeitdieben. Sie werden in Büros und den Fluren von Firmen gesichtet und treiben dort ihr Unwesen: eine aufgeschobene Entscheidung hier, eine unnötige Aufgabe da, eine Besprechung, die keinen weiterbringt. Seien es sinnlose Projekte, die dem Prestige einer Führungskraft dienen, aber bestimmt nicht dem Unternehmen. Auch diese zweibeinigen Zeitdiebe stehlen Ihnen etwas äußerst Kostbares: Ihre persönliche Zeit.

Auf den nächsten Seiten finden Sie eine Übersicht von verschiedenen Zeitdieben, die nach Schwerpunkten geordnet wurde: Kreuzen Sie bitte die Zeitdiebe an, die Ihnen Zeit stehlen, und entwickeln Sie Strategien, diese Zeit wieder für sich selbst zurückzugewinnen.

Beispiel schlechtes Ablagesystem:

Ursachen:	Lösungen
1. Papierstapel auf dem Schreibtisch	Professionelles Ablagesystem, z. B. der Firma Mappei.
2. Kein Wiedervorlagesytem	Wiedervorlagemappen anschaffen und einsetzen.
3. Kein System bei Ordnern	Ordnersystem für die ganze Abteilung aufbauen.

Analyse der Zeitfresser

1. Persönlicher Arbeitsstil

Zeitfresser	Ursachen	Lösungen
Zu viele Aktennotizen		
Schlechte Arbeitsvorbereitung		
Übertriebene Eigenkontrolle		
Alle Fakten wissen wollen		
Zu viel Papierkram lesen		

Zeitfresser	Ursachen	Lösungen
Sich zu viel Zeit nehmen		
Überhäufter Schreibtisch		
Hast, Hektik		
Ungeduld		
Probleme, „Nein" zu sagen		
Keine oder geringe Selbstdisziplin		
Aufgaben nicht zu Ende führen		
Unentschlossenheit		
Arbeit vor sich herschieben		
Mangelnde Selbstmotivation		

2. Innerbetriebliche Zusammenarbeit

Zeitfresser	Ursachen	Lösungen
Schlechte Arbeits-platzbeschreibung		
Unpräzise Arbeitsanweisung		

Zeitfresser	Ursachen	Lösungen
Keine klar abgegrenzte Verantwortlichkeit		
Keine Entscheidungs-befugnis		
Mangelnde Koordination und Teamarbeit		
Unkooperativer Vorgesetzter		
Schlecht organisierter Vorgesetzter		
Mangelnde Motivation der Mitarbeiter		
Warten auf Entscheidungen		
Wartezeiten bei Verabredungen		
Mangelnde Kontrollen		
Übertriebene Kontrollen		
Zu wenig Delegation		
Keine oder unvoll-ständige Information		
Zu wenig oder unpräzise Kommunikation		

3. Zeitplanung

Zeitfresser	Ursachen	Lösungen
Unzureichende Tagesplanung		
Keine Tagespläne		
Keine Jahres-, Wochen- und Monatspläne		

4. Arbeitsmethodik

Zeitfresser	Ursachen	Lösungen
Keine Arbeitsplanung		
Keine Arbeitsziele		
Keine Übersicht über alle Aktivitäten		
Unklare Zielsetzung		
Keine Prioritäten		
Spontane Prioritäten		
Unorganisierte Arbeitsmethode		
Versuch, zu viel auf einmal zu tun		

5. Störungen durch andere

Zeitfresser	Ursachen	Lösungen
Unterbrechungen durch Telefon		
Unterbrechungen durch Kollegen		
Unterbrechungen durch den Chef		
Unterbrechungen durch Gäste und Besucher		
Langwierige Besprechungen		

6. Umfeld

Zeitfresser	Ursachen	Lösungen
Wartung technischer Geräte		
Ständige Unterbesetzung		

7. Wartezeiten

Zeitfresser	Ursachen	Lösungen
Telefon, Telefax, E-Mail		
Post		
Kopierer		
Computer, Drucker		
Informationsquelle nicht greifbar		
Warten auf Entscheidungen		
Unterlagen nicht vorhanden		

8. Eigene spezifische Zeitfresser

_____

_____

_____

_____

_____

_____

_____

Das goldene Wort mit vier Buchstaben, das Ihnen sehr viel Zeit sparen wird: „Nein"

Richtig „Nein" sagen zu können ist nicht nur für gutes Zeitmanagement entscheidend. Zugleich wird unser Zuverlässigkeitsimage verstärkt. Damit Ihr Nein beim Gegenüber ein Ja findet, sollten Sie folgende Grundregeln beachten:

1. Prüfen: Kann ich eine Aufgabe übernehmen, diese termingerecht und richtig ausführen?

Tut mir leid – geht nicht!

2. Nein sagen: Ihr Gegenüber muss zweifelsfrei erkennen, dass dies ein klares Nein ist. Beispiel: „Tut mir leid, das kann ich heute beim besten Willen nicht erledigen."
3. Begründen: Eine Begründung ist umso besser, je konkreter sie ist. Beispiel: „Ich arbeite heute den ganzen Tag an Projekt x, das morgen fertig sein muss."
4. Alternativen anbieten – dabei immer prüfen:
   - Kann die Aufgabe anders gelöst werden?
   - Kann die Aufgabe verkürzt bzw. vereinfacht werden?
   - Kann die Aufgabe später erledigt werden?
   - Kann die Aufgabe von jemand anderem erledigt werden?

   Beispiel: „Ich kann Ihnen am Dienstag früh eine kurze Zusammenfassung geben. Genügt das?"

   Meist wird Ihr Nein mit guter Begründung und befriedigender Alternative von Ihrem Gegenüber akzeptiert. Es kann jedoch passieren, dass Ihr Gesprächspartner trotz allem ein Ja von Ihnen fordert. An dieser Stelle wird aus Ihrem Nein ein Ja, falls Ihr Gegenüber die Macht hat, sich über Ihr Nein hinwegzusetzen.

5. Konsequenzen aufzeigen: Die Konsequenzen sollte Ihr Gegenüber dabei zu spüren bekommen. Beispiel: „Wenn ich den Bericht heute schreibe, kann ich Ihre Daten für das Monatsmeeting erst am Dienstag liefern."

6. Konsequenzen eintreffen lassen: Auch wenn es weh tut, auf Dauer ist von diesem Punkt Ihr Zuverlässigkeitsimage abhängig, denn:
   - Wer immer Nein sagt und sich dann doch oft mühsam überreden lässt oder es (manchmal) doch macht, ist ein anstrengender Partner.
   - Wer nie Nein sagt, aber oft sein Ja nicht halten kann, ist ein unzuverlässiger Partner.
   - Wer gezielt (nach genauer Prüfung) und richtig Nein sagt, wird am ehesten als fairer Partner akzeptiert.

Der Schreibtisch – das Möbelstück, das sich immer viel zu schnell füllt

Lassen Sie uns diesmal mit einer kleinen Befragung starten:

Ist Ihr Schreibtisch ständig „zugemüllt"?

- ❏ Welcher Schreibtisch-Typ sind Sie?
- ❏ Gehören Sie zu den Volltischlern oder zu den Leertischlern?
- ❏ Wie sieht Ihr Schreibtisch aus?
- ❏ Ist er überhaupt zu sehen? Wie hoch stapeln sich die Vorgänge auf der Arbeitsfläche?
- ❏ Oder gehören Sie zu den wenigen, die an einem leeren Schreibtisch arbeiten?

Die Philosophien und Entschuldigungen für die unterschiedlichsten Gestaltungen dieses Möbelstücks sind so verschieden wie die Menschen, die daran arbeiten.

Beim Aspekt Zeitmanagement kommt dem Schreibtisch eine besondere Bedeutung zu. Er kann Sie unterstützen, Ihre Effizienz entscheidend zu steigern (oder auch entscheidend zu beeinträchtigen). Das Geheimnis ist ganz einfach und vielleicht gehören Sie bereits zu denen, die es kennen.

Das Prinzip „Leerer Schreibtisch"

Auf Ihrem Schreibtisch liegt nur der Vorgang, den Sie gerade bearbeiten. Nichts anderes. Zu dieser Tätigkeit können mehrere Akten oder Bücher gehören. Aber alle anderen Aufgaben sind noch nicht einmal in Ihrem Blickfeld. Sie haben sie hinter sich oder in einen Schrank gelegt.

Warum? Es geht hier um Konzentration. Nur wer konzentriert **Konzentration** arbeitet, arbeitet effizient. Wenn Sie gleichzeitig noch andere Aufgaben im Blickfeld haben, wandern nicht nur Ihre Augen häufig zu diesem Stapel, sondern Ihr Unterbewusstsein bekommt immer wieder die Botschaft: „Das muss heute noch alles erledigt werden. Heute wird es mal wieder spät und dann noch diese ellenlangen Listen ..." Kurz: Sie werden abgelenkt und demotiviert.

Sehen Sie nur die eine Aufgabe vor sich, gilt Ihre gesamte geistige Energie ausschließlich dieser Aufgabe. Wenn Sie sich dann vorher noch konkret ein Zeitziel gesetzt haben: „Ich will in einer Stunde mit diesem Vorgang fertig sein!", werden Sie in 90 Prozent der Fälle hoch effektiv arbeiten.

Wenn Sie jetzt noch an dieser einfachen Technik zweifeln: Probieren Sie es einfach einmal zwei Wochen konsequent aus. Wenn es dann keinen Erfolg gebracht hat, lassen Sie es wieder.

Und noch eine Anmerkung: Dieser Hinweis des leeren Schreibtischs gilt nicht für (Lebens-)Künstler, die dieses Möbelstück als Gesamtkunstwerk betrachten. Für den klassischen Büroianer – zu denen die meisten von uns gehören – dürften die obigen Vorschläge aber sicherlich sachdienlich sein.

Weiterführende Informationen

Bücher:

Beyer, Günther: *Zeitmanagement*, Econ 1992
Covey, Stephen R.: *Der Weg zum Wesentlichen*, Campus 2003
Graichen, Ulrich/Seiwert, Lothar J.: *Das ABC der Arbeitsfreude. Techniken, Tips und Tricks für Vielbeschäftigte*, GABAL 2001
König, D./Roth, S./Seiwert, L. J.: *30 Minuten für optimale Selbstorganisation*, GABAL 2001
Seiwert, L. J./Müller, H.: *30 Minuten Zeitmanagement für Chaoten*, GABAL 2000
Seiwert, Lothar J.: *Mehr Zeit für das Wesentliche*, Redline Wirtschaft 2003
Stork, Edith: *Logistik im Büro. Unordnung kostet Geld*, Beltz 2004
Winston, Stephanie: *Organisation im Büro. Von Ablage bis Zeitplanung*, Droemer Knaur 1994

7 Zeitgemäßer Umgang mit der Informations- und Datenflut

Professioneller Umgang mit Informationsflut – eine aktuelle Herausforderung im modernen Zeitmanagement

„Wir leben in einem Zeitalter, indem die überflüssigen Ideen überhand nehmen und die notwendigen Gedanken ausbleiben."
Joseph Joubert (1754-1824)

„We all are overnewsed but underinformed."
Aldous Huxley (1894-1963)

Auf diese Fragen werden Sie in diesem Kapitel Antworten bekommen:

❏ Warum sollte man zwischen qualitativen und quantitativen Informationen unterscheiden?
❏ Wie gehe ich professionell mit der heutigen Datenflut um
❏ Welche Zeitspartipps beim E-Mailen gibt es?
❏ Wie funktioniert der E-Mail-Knigge?

Nachdem bis zum heutigen Tage die Information lawinenartig zu einer Informationsflut angewachsen ist, ist der Umgang mit der Informationsfülle zu einem wichtigen Zeitproblem geworden. Eine zentrale Frage lautet: Wie soll man in einer Zeit informieren, wenn viele damit kämpfen, die Informationsflut zu bewältigen?

Qualitative und Quantitative Information

Viele Mitarbeiter in Unternehmen beklagen: „Auf der einen Seite werden wir mit vielen unnützen Informationen und Daten überflutet. Auf der anderen Seite fehlen uns entscheidende interne Informationen für unser Tagesgeschäft, um Schnittstellenprobleme zu vermeiden."

„Die große Tragödie unserer Gesellschaft ist, dass wir quantitativ über- und qualitativ unterinformiert sind. Wir wissen bedeutend mehr als unsere Vorfahren, doch wir wissen es bedeutend weniger gut. Wir müssen besser informiert werden im wahrsten Sinne des Wortes: auf bessere Weise, nicht durch mehr Information. Zu oft geht das Spektakuläre dem Wesentlichen vor, das Wichtige wird von Unfällen und Verbrechen überlagert, das Bedeutsame vom Sensationellen verdrängt. Überbordende Quantität und unzureichende Qualität bewirken eine ernsthafte Desinformation, die viele Leute daran hindert, klarzusehen und Zusammenhänge richtig zu erkennen." (Pierre Lévy, Informationschef Europarat)

Die Gesamtheit des menschlichen Wissens verdoppelt sich ungefähr alle fünf Jahre, wobei sich diese Verdoppelungszeit ständig verkleinert. An der Wende vom 19. auf das 20. Jahrhundert betrug diese Rate noch ungefähr 50 Jahre.

Verdoppelte Wissensmenge

Die Explosion der Megabitbombe würde gegen eine Informationsbarriere stoßen, behauptet Stanislaw Lem im Buch *Summa Technologia*. Wir ertrinken gleichsam in einer Informationsflut. Dass das Angebot an Informationen sich weiterhin galoppierend – also exponentiell – vergrößern wird, ist unbestritten. Jedenfalls ist heute schon die Menschheit von einem „Halo" in Gestalt von Pseudo- und Quasiwissenschaften umgeben, die sich überall einer beachtlichen Popularität erfreuen. Anspruchsvolle Informationen werden kaum noch verdaut. Höchstens drei bis fünf Prozent der zugestellten Informationsflut beachten wir. Der Rest verrottet auf dem Informationsmüll. Die Lösung, unsere Mitarbeiter mit noch mehr Informationsbroschüren, internen Zeitschriften, E-Mails und Faxblättern zu beliefern (weil die Informationen angeblich nicht mehr aufgenommen werden), taugt nicht mehr. Im Gegenteil: Alle gutgemeinten Bemühungen im Kampf gegen das Informationsdefizit sind letztlich kontraproduktiv. Die Informationsflut wächst damit zusätzlich.

Moderne Kommunikationsmittel

In den vergangenen Jahren hat sich eine Werteverschiebung ergeben: Jeder muss über mobile Geräte (iPhone, iPad, Blackberry) ständig erreichbar sein und jederzeit über Telefon SMS und Mail kommunizieren bzw. Informationen aus dem Internet abrufen.

Informationsmüll

Zu Hause verfügt fast jeder über High Speed Internet, um mit Google & Co. rund um die Uhr das gesamte „Weltwissen" anzapfen zu können. Daneben verfügen die meisten ständig über 100 bis 400 TV-Kanäle und TV on Demand zur persönlichen „Weiterbildung" und Unterhaltung. Auch hier scheint der Kampf „Masse" gegen „Klasse" bereits entschieden. In vielen Unternehmen wird diese Flut durch Intranet-Portale wie „Data-Warehouse" (Datenbank für Unternehmensdaten), Bussines Intelligence Systeme (Reporting-Werkzeuge) und „Knowledge Databases" (Wissensportale) ergänzt, für die der einzelne User eine spezifische Holschuld in seiner Daten-, Wissens- und Informationsbeschaffung hat.

Die Folgen für den Einzelnen sind vielfältig:

❏ Mehr Infos, weniger genutzte Information, weniger Qualität der Information,
❏ Mehr Verfügbarkeit, geringere Konzentration und Effizienz und Qualität,
❏ Stets aktuell, nie kreativ aber reproduktiv,
❏ Stets aktiv, nie entspannt,
❏ Nie fertig und befriedigt,
❏ Mehr Vielfalt - mehr Wahrheit,
❏ Mehr Komplexität weniger Relevanz/Kompetenz.

Wir stecken in einem Dilemma bei der Informationsüberflutung, die in einem Informations-Overkill zu enden droht. Wir brauchen geeignete Maßnahmen, dieser Entwicklung entgegenzuwirken.

Herr F. Einkaufsleiter einer großen Handelsunternehmens klagt über die wachsende tägliche Mail-Flut und suchte in einem Zeitmanagement Seminar nach Lösungen. Bisher hatte er nahezu jede eingehende Mail, die durch ein Pop-up Fenster angezeigt wurde, aufgrund seiner Neugier geöffnet. Durch das Lesen und die innere und praktische Verarbeitung des Inhaltes wurde er jedes Mal aus seiner eigentlichen Arbeit gerissen, abgelenkt und oft genervt. Drei Monat später berichtet er, lediglich zwei bis drei Mal pro Tag seine Mails als Block zu bearbeiten, viel Zeit und Energie zu sparen und viel entspannter durch den Arbeitstag zu gehen. Die Benachrichtigungsfunktion wurde selbstverständlich ausgeschaltet und übereifrige Geschäftskontakte die kurz nach Mailsendung anriefen, und nachfragten wo denn die Antwort bliebe, sanft aber konsequent vertröstet.

So können Sie sich vor der Informationsschwemme retten

Durch gezielte Reduktion und bewusste Priorisierung:

❑ Definieren Sie Ihre persönlichen Werte und Ziele.
❑ Wer treibt wen: die Info mich oder ich die Info?
❑ Was ist mein wirklicher Bedarf an Information?
❑ Wie gehe ich mit Infos nutzbringend um?
❑ Informationstransformation durch z.B. Exzerpt beim Lesen eines Buches.
❑ Hörbuch statt Lesen, um Wissen zu managen.
❑ Unnötige Komplexität identifizieren und vereinfachen.
❑ Reduzierung von Infos in E-Mails.
❑ Abschotten (z.B. durch Umleiten auf Assistentin).
❑ Offline gehen. (Der neue Luxus der Zukunft).

Helfen Sie sich selbst mit bewusstem Filtern der Informationen. **Priorisierung**
Eliminieren Sie alles, was nicht unbedingt nötig ist.
Menschen werden dickhäutiger und immun gegen Inhalte, die schockieren oder Gefühle verletzen.

Die breit gestreuten Informationsmöglichkeiten bieten aber auch Chancen:

1. Der Informant kann aktiv werden: Erwünschte Informationen können z.B. per Internet gezielt abgerufen werden und nach einem bestimmten Informationsprofil gesammelt werden.
2. Die Information wird zuverlässiger: Informationen können global abgerufen und verglichen werden. Es wird schwieriger, einen aktiven Empfänger zu manipulieren.
3. Der Informant wird mündiger: Für den Informationskonsumenten wird die Frage relevant: „Welche Informationen brauche ich tatsächlich?" Qualitativ minderwertige Information wird er oder sie zuerst ausfiltern.

Einen der stärksten Informations- und Datenüberschwemmungskanäle bilden E-Mails. Um diese Flut einzudämmen, suchen Sie sich die für Sie relevanten Tipps heraus:

Zeitspartipps im Umgang mit E-Mails

Damit Sie in der E-Mail-Flut nicht versinken, hier ein paar hilfreiche Tipps:

❏ Nehmen Sie sich mehrmals täglich Zeit, Ihre Mails en bloc zu bearbeiten.

❏ Bestimmen sie nach Möglichkeit feste Zeiten für die E-Mail-Bearbeitung.

❏ Bei längerer Bearbeitungszeit parken Sie die Mails in einem separaten Ordner (z. B. *Wiedervorlage* auf dem PC).

❏ Stellen Sie die Funktion der (akustischen und optischen) Benachrichtigungen beim Eingang von E-Mails ab.

❏ Checken Sie Ihre E-Mails quer: Alles Wichtige sollten Sie zügig beantworten, Werbung und Unwichtiges löschen.

Zeitspartipps   ❏ Prüfen Sie bei jeder eingehenden Information, was sie für Ihre Aufgabenstellung bringt. Prioritäten berücksichtigen! Wichtig / Dringend!

❏ Achten Sie darauf, dass jeder Text mit Ihrer kompletten Adresse endet (Signaturfunktion).

❏ Fassen Sie sich kurz und schreiben Sie immer einen eindeutigen Betreff, damit der Empfänger sofort erkennen kann, worum es geht.

❏ Komprimieren Sie umfangreiche Dateien im Anhang.

❏ Versenden Sie längere Informationen als Datei im Anhang, das erleichtert dem Empfänger die Bearbeitung und Zuordnung.

❏ Nutzen Sie im Urlaub automatische Abwesenheitsmeldungen und geben Sie einen Hinweis auf Ihre Vertretung.

❏ Entwickeln Sie ein kritisches Bewusstsein gegenüber allen Informationen, die in Ihrer Mailbox ankommen, wie z.B. Werbung.

❏ Vermeiden Sie möglichst das Ausdrucken elektronischer Mails.

❏ Verzichten Sie auf das Senden und Weiterleiten von Humorbriefen, Kettenbriefen u. ä.

❏ Geben sie o. g. E-Mail-Versendern die Rückmeldung, dass Sie an solchen Mails nicht interessiert sind.

❏ Besonders wichtige und vertrauliche Informationen nicht per E-Mail senden.

❏ Unangenehme Nachrichten lieber persönlich überbringen, denn dabei lässt sich die Wirkung der unerfreulichen Mitteilung durch z. B. entsprechende Mimik, Gestik, Tonfall, etc. anpassen..

❏ Geben Sie Ihre E-Mail-Adresse nur zurückhaltend weiter, besonders Personen gegenüber, die Ihnen etwas „verkaufen" wollen.

❏ Unterstützen Sie sich gegenseitig an Ihrem Arbeitsplatz durch sinnvollen und überlegten Umgang mit E-Mails. Sie reduzieren dadurch Störungen und sparen Zeit.

❏ Beim Umgang mit Viren ist zu beachten, dass Nachrichten von Absendern, die Ihnen nicht bekannt sind, oder eine undefinierbare Betreffzeile enthalten sofort gelöschte werden. Auf keinen Fall Anlagen öffnen!

Ein mittelständisches Unternehmen hat dazu eine eigene Lösung kreiert, die hier in überarbeiteter Form wiedergegeben wird: Der E-Mail Knigge, ein Regelwerk für den Umgang mit Firmen E-Mails:

E-Mail-Knigge

So könnte eine Regelung zum Umgang mit E-Mails in Ihrer Abteilung oder Ihrem Unternehmen aussehen:
Kostbare Zeit geht mit falscher E-Mail Kommunikation verloren. So gewinnen Sie Zeit: Beim Umgang mit Kunden sollten Sie möglichst sofort auf deren Fragen eingehen. Als Mitarbeiter mit viel Kundenkontakt müssen Sie unbedingt mehrfach am Tag den Posteingang abrufen und flexibel beantworten.

Umgang mit E-Mails   Für normale Mails ist ein Beantwortungszeitraum von 24 Stunden akzeptabel. Sendungen mit Briefcharakter, die eine längere Beantwortungszeit erfordern, sollten dennoch innerhalb weniger Tage erledigt bzw. dem Absender eine Zwischenmeldung gegeben werde. Auf Mails, die nur der Kontaktpflege dienen, kann zu einem späteren Zeitpunkt eingegangen werden.

Verteiler

❏ Besonders häufig wird über die sinnlosen E-Mail-Verteilerlisten geklagt. Achten Sie deshalb auf den richtigen Verteiler.
❏ Die Person, die das Mail zu beantworten hat, ist im An-Feld zu hinterlegen, Leute, die informiert werden müssen, gehören in das CC-Feld.
❏ Hier gilt grundsätzlich: „Weniger ist mehr", um die Informationsflut einzudämmen, denn die Mails müssen gelesen und verarbeitet werden (Zeit!).
❏ Verteilerlisten bzw. Informationswege festlegen (wer informiert wen?).

Betreffzeile

❏ Für Empfänger, die täglich viele Mails erhalten, ist es wichtig, einen aussagefähigen Betreff zu erkennen. Deshalb klar das Thema nennen, neugierig machen, Aufmerksamkeit wecken.

❏ Bezug auf Vorgänge, Schreiben, Telefonate gehören in der Regel nicht in die Betreffzeile.

❏ Wenn ein Betreff geändert wird, wird am Anfang der neue Betreff geschrieben und anschließend in Klammer der bisherige, z. B.

1. Betreff: Angebot

2. geänderter Betreff: Preisänderung (Angebot)

❏ Mails mit dubiosen Betreffzeile wie xy.= löschen.

Weiterleiten

❏ Individuelle Mails sind – wie Briefe – vertraulich zu behandeln und dürfen nur mit Zustimmung des Absenders weitergeleitet werden.

Antworten

❏ Beim „Weiterleiten" werden Anlagen mitversendet, beim „Antworten" entfallen die Anlagen.

❏ Wenn auf Mailing-Listen geantwortet wird, ist zu unterscheiden, ob allen Listenadressen geantwortet werden soll oder nur einer bestimmten Person. Besondere Aufmerksamkeit beim Weiterleiten und Antworten gilt also der Zeile „An".

Anrede

❏ Orientieren Sie sich bei neuen Mail-Kontakten an deren Anrede und Textstil.

❏ Jegliche Anrede wegzulassen, bietet sich erst für das zweite oder dritte Dialog-Mail an sowie zwischen guten Bekannten und engen Mitarbeitern etc.

Text

❏ Endlose Texte erschweren das Lesen. Trennen sie lange Absätze durch Leerzeilen.

❏ Längere Zeilen sind ebenfalls schlecht lesbar. Eine geeignete Zeilenlänge ist ca. 70 Zeichen pro Zeile (die meisten Programme brechen automatisch um).

❏ Nutzen Sie den automatischen Zeilenumbruch.

❏ Als Zeichensatz eignen sich Unicode, ASCII oder ISO, mit denen die meisten Empfänger umgehen können. HTML-Formate vermeiden.

❏ Für Apostroph gilt bei E-Mails nur dieser Akzent „'".

❏ Der Teil der E-Mails, auf den Sie beim Antworten nicht eingehen, wird gelöscht.

❏ Die Grammatik- und Rechtschreibregeln sowie die Groß- und Kleinschreibung gelten auch für E-Mails.

❏ Unklare Abkürzungen vermeiden.

Einheitliche Signatur

Verwenden Sie die einheitliche Firmen-Form für die Signatur.
Bei kurzen E-Mails an regelmäßige Kontakte genügt eine Kurz-Signatur vor allem, wenn die Signatur länger als der Text der Nachricht ist.

Anhang

Bitte achten Sie darauf, dass Sie Programme verwenden, die der Mail-Empfänger auch öffnen kann.
Umfangreiche Anlagen möglichst per Zip-Datei versenden oder bei gemeinsamen Laufwerken und öffentlichen Ordnern nur einen Link oder Hinweis auf den Ablage-Ort anführen.

Prioritäten

❏ Versenden Sie wirklich wichtige Mails nur in besonderen Fällen mit der höchsten Priorität. Wenn die Mailbox voll „wichtiger" Mails ist, geht der Überblick verloren.

Vertraulichkeit

❏ Mit vertraulichen und persönlichen Informationen verant-
wortungsvoll umgehen. Eine E-Mail hat keinen Briefcharakter. Im weltweiten Internet ist sie mit einer Postkarte zu
vergleichen, die Sie verschicken.

Lesebestätigung

❏ Um Zeit und Kosten zu sparen, sind innerhalb des Firmen-
Mailverkehrs Lesebestätigungen nur in Ausnahmefällen sinnvoll.

Entwickeln Sie Ihr individuelles System, um Qualität in Ihr
Informationsmanagement zu bringen. Denn dadurch erreichen
Sie ein Stück höhere Lebensqualität.
Lassen Sie sich nicht von außen bestimmen und steuern. Setzen
Sie Ihre eigenen Prioritäten. Überlegen Sie was wirklich wichtig
ist und was noch Zeit hat. Sie bestimmen darüber ob Sie in
immer höheren Informations- und Datenfluten nach Luft ringen
oder in ruhigem Gewässer konzentriert Ihre Aufgaben erledigen.

**Informations-
management**

Weiterführende Informationen

Bücher:

Krcmar, Helmut: *Einführung in das Informationsmanagement*, Springer 2005
Keuper, Frank/Neumann, Fritz (Hrsg.): *Wissens- und Informationsmanagement: Strategien, Organisation und Prozesse*,
Gabler 2009
Bodendorf, Freimut: *Daten- und Wissensmanagement*, Springer 2006

8 Coaching und Mentoring

..... REINE WILLENSSACHE ...

Man kann niemanden etwas lehren, man kann ihm nur helfen,
es in sich selbst zu finden.
Galileo Galilei (1564-1642)

Auf diese Fragen werden Sie Antworten bekommen:

❏ Was ist Coaching und Mentoring?
❏ Wer braucht einen Coach bzw. Mentor?
❏ Wie profitiere ich von einem Coach und Mentor?
❏ Wie finde ich den passenden Coach oder Mentor?

C&M liegen voll im Trend

In Unternehmen – im Top-Management oder auf unteren Ebenen – wird zunehmend „gementort" oder „gecoacht". Selbst im Hochschulbereich wird C&M mittlerweile schon genutzt. Beispiel Bayern: Im Zuge von zehn neuen bayerischen Elitestudiengängen erhalten 300 hoch begabte Studenten sogar ein Duo-Mentoring. Jeder bekommt zwei Persönlichkeiten an die Seite gestellt: einen Professor und einen Unternehmer, um Kontakte zu Wissenschaft und Praxis aufzubauen. Beispiel Baden-Württemberg: An der privaten Zeppelin Universität in Friedrichshafen am Bodensee wird auch Tandem-Coaching praktiziert: Jeder Student muss sich selbst jeweils einen Mentor aus Wissenschaft und Wirtschaft suchen – weltweit. Egal, ob Manager oder TV-Korrespondent.
Übrigens, in den USA gehört C&M seit einigen Jahren so selbstverständlich zum Berufsleben wie der Central Park zu New York.
Dieser junge Autor war kein geringerer als Peter Drucker. Er gilt heute mit seinen mehr als 30 Büchern als der Management- und Unternehmenstheoretiker des 20. Jahrhunderts. Entscheidend für seine Karriere war sein Mentor Paul Garrett, der ihm eine Entwicklungschance bot. Auch begabte Menschen brauchen einen Förderer oder Mentor.

Im Herbst 1943 bekommt ein 34-jähriger in den USA lebender österreichischer Dozent und Autor einen Anruf aus der Top-Etage eines großen Automobilherstellers: „Kommen Sie zu General Motors und studieren Sie unser Unternehmen", bot Paul Garrett dem jungen Autor an. Dieser arbeitete in den USA zunächst als Journalist. Er kam und sein Werk *Das Konzept des Unternehmens* wurde 1946 zum bahnbrechenden Erstlingswerk für moderne Managementmethoden in den USA. Als Ergebnis der Studien schildert der Forscher den Autoriesen nicht als ökonomische Maschine, sondern als Labyrinth von sozialen Verknüpfungen.

Exkurs: Wissenschaft und Coaching & Mentoring

Der Begriff *Coaching* ist abgeleitet vom Englischen „to coach", was so viel wie Trainieren, aber auch Einpauken bedeutet. Im Sport kümmert sich der Coach nicht nur darum, die körperliche Leistung des Sportlers zu steigern, sondern er arbeitet mit ihm vor allem auch an der Verbesserung seiner mentalen und psychischen Verfassung.

Ähnlich ist das Coaching im Wirtschaftsbereich zu verstehen. Hier analysiert der Coach zusammen mit seinem Gegenüber aktuelle berufliche Probleme mit Fokus auf persönliche Schwierigkeiten. Dabei steht vor allem „Hilfe zu Selbsthilfe" im Vordergrund. Der Coach kaut dabei nichts vor. Heißt: Er liefert keine vorgefertigten Lösungen, sondern begleitet, unterstützt und regt seinen Coachee an, eigene Lösungen zu entwickeln. Konkrete Schritte:

❑ Zuerst wird die aktuelle Problematik gemeinsam mit dem Coach reflektiert und analysiert.

❏ Zusammen mit dem Coach wird durch gezielte Fragen der Rahmen erweitert und persönliche Aspekte werden in die Analyse einbezogen.

❏ Durch begleitendes Feedback werden aufgabenbezogene Hilfestellungen vom Coach gegeben.

❏ Es geht nicht nur darum, die Leistungsfähigkeit wiederherzustellen, sondern diese beruflich und persönlich auch noch zu verbessern.

Fällt der Begriff Coaching, ist *Mentoring* nicht weit. Mentoring klingt modern, ist aber uralt. Es ist die älteste und vielleicht auch beste Methode des Lernens überhaupt. Der Begriff entspringt der griechischen Mythologie: Als sich Odysseus auf den Weg nach Troja machte, vertraute er die Erziehung seines Sohnes Telemach seinem Freund Mentor an. Er bat ihn, Telemach alles zu erzählen, was er wisse.

Der Mentor von Odysseus

Bei einem Mentor handelt es sich im klassischen Sinn um einen erfahrenen älteren Menschen, der im Vergleich zum Coach oft auch stärker eine Art väterliche Beziehung hat. Der „Auszubildende" geht erst einmal in den Fußstapfen des Älteren, nimmt seine Ratschläge und Weisungen als Wegweiser an und entwickelt oft erst später dann unabhängig von seinem Mentor eigene Ideen. Im Geschäftsalltag werden heutzutage allerdings Mentoring (Mentor) und Coaching (Coach) fast austauschbar – wie Zwillinge – gebraucht.

Wer braucht Coaching?

Wenn Sie jetzt denken, bei mir ist es ganz anders oder eh zu spät: Falsch, für Coaching und Mentoring (C&M) ist es nie zu spät. Lassen Sie sich nicht entmutigen, wenn Sie bisher nicht entsprechend gefördert worden sind. Auch als 80-Jähriger kann man noch Klavier spielen lernen. Es muss ja nicht gleich Chopin sein.

Heben Sie Ihre Bodenschätze!

Claire, eine 50-jährige Vertreterin, kämpft schon seit Jahren mit ihrer faden Ehe und ihrem Job, der sie immer mehr zu fordern scheint. Bisher ist sie von privaten und beruflichen Katastrophen verschont geblieben, sodass sich für sie der Gedanke an eine Beratung nie ernsthaft gestellt hat. Sie hat sich ihr Leben trotz ihrer Selbstzweifel, ihrer Perspektivlosigkeit und ihrer eher negativen Sicht der Dinge ganz gut eingerichtet. Sie ist daran gewöhnt, so zu denken und zu leben.

Als ihr Ehemann Clemens plötzlich durch einen Führungswechsel in seiner Firma seinen Job verliert, verändert sich das Leben schlagartig. Jetzt ist klar, dass der gleichförmige Alltagstrott Schnee von gestern ist – und er aktiv die Dinge in die Hand nehmen muss, um beruflich neue Perspektiven zu entwickeln.

Durch Freunde angeregt nimmt Clemens die Hilfe eines erfahrenen Coach in Anspruch. Claire steigt mit ins Boot und so beginnt ein Prozess, der Clemens am Ende nicht nur vor der drohenden Arbeitslosigkeit bewahrt, sondern auch die Ehe mit neuem Leben erfüllt. Er wagt trotz seines Alters, immerhin ist er um die fünfzig, einen erstaunlichen Neuanfang und gründet eine Firma für EDV-Beratung.

Heute sagen beide, dass sie die radikale Erneuerung ihres Denkens und Handelns niemals ohne fremde Hilfe geschafft hätten.

Oder eine Fremdsprache lernen. Oder noch an der Uni studieren. Mit einem motivierenden Lehrer an der Seite können Sie Ihre Bodenschätze leichter heben.

Übrigens, Konrad Adenauer war 73 Jahre alt, als er am 15.9.1949 zum Bundeskanzler gewählt wurde.

Mancher ertrinkt lieber, als dass er um Hilfe ruft

Grundsätzlich kommt jeder für C&M infrage. Wer sich coachen lässt, hat keine Macke, sondern ist auf Zack. „Mancher ertrinkt lieber, als dass er um Hilfe ruft", hat schon Wilhelm Busch (1832-1908), der Vater von Max und Moritz, erkannt. Jeder Spitzensportler hat seinen Trainer, manche sogar mehrere. Was für den Leistungssport gilt, sollte für die globalisierte Leistungswirtschaft mit immer neuen und größeren Herausforderungen eigentlich noch viel selbstverständlicher sein. Klar kostet professionelles Coaching & Mentoring Geld – die besten Trainer haben Tagessätze wie die besten Unternehmensberater, die schnell bei 3000 oder 4000 Euro liegen. Doch es geht auch günstiger. Und für was alles gibt man bloß sein Geld aus. Doch jeder gute Buchhalter denkt in Kategorien wie Ausgaben und Einnahmen oder Return on Investment (ROI) – also was von dem investierten Kapital wieder zurückfließt. Betrachten Sie C&M als persönliches Ich-Investment! Aber beachten Sie bitte die nächsten Schritte, damit Sie Ihr Geld nicht zum Fenster rausschmeißen.

Voraussetzungen für ein erfolgreiches Coaching & Mentoring (C&M)

❏ Sie sollten sich freiwillig dazu entscheiden und nicht erzwungen (sonst drohen mentale Blockaden).
❏ Sie lassen sich ohne Vorbehalte in die Karten schauen. Sie lassen sich ehrlich betrachten (und nicht in die Tasche lügen).
❏ Ihr Coach ist absolut integer und diskret. Es dringt nichts nach außen. Auch dann nicht, wenn Ihr Arbeitgeber die Kosten des Coachings trägt.
❏ Ihr Unternehmen nimmt in keiner Weise Einfluss auf die Beratung.
❏ Die Methoden und Verfahren sind zu jeder Zeit für Sie transparent und nachvollziehbar.
❏ Ihr Coach agiert nicht als Chef, sondern als Partner.
❏ Ihr Coach ist daran interessiert, Sie so „auszubilden", dass er sich relativ bald überflüssig macht (und nicht aus finanziellen Gründen Ihr Lebenspartner werden will).

Wie erkenne ich den richtigen Coach?

Den richtigen Coach zu finden ist für den Erfolg entscheidend. Zunächst sollte er Ihnen sympathisch sein. Besonders sympathisch sind uns oft die Menschen, die gewisse Ähnlichkeiten mit unserem eigenen Typus (vgl. Kapitel 3) haben. Im Falle des Coachings ist es freilich ratsam, sich an einen Coach zu wenden, der zwar nicht unsympathisch wirkt, den Sie aber als komplementär zu Ihrem eigenen Typ erleben. Durch diese gegensätzliche Struktur ist er leichter in der Lage, Ihre Schwächen zu analysieren und auszugleichen.

Checkliste: Daran erkennen Sie einen guten Coach

❏ Er hilft Ihnen bei der Erforschung Ihrer Bedürfnisse, Wünsche, Fähigkeiten und Denkprozesse. Er befähigt Sie, wirkliche und anhaltende Veränderungen im Beruflichen und Persönlichen in die Wege zu leiten.

❏ Er gebraucht Fragetechniken, die es Ihnen erleichtern, einen eigenen Denkprozess anzustoßen, der Lösungsmöglichkeiten erarbeitet, ohne dass der Coach schon zu konkret die Richtung vorgibt.

❏ Er unterstützt Sie darin, dass Sie sich angemessene, erreichbare Ziele setzen.

❏ Außerdem sollte er Sie richtig einschätzen können.

Wie erkenne ich einen schlechten Coach?

Gerade weil Sie sich finanzielle Wunden und – noch schlimmer – psychische Verletzungen zuziehen könnten, sollten Sie sich von einem für Sie ungeeigneten Berater trennen. Überprüfen Sie aber bitte, ob Sie unangenehme Themen von sich selbst wegschieben möchten und ob Sie, statt eine nötige, wenn auch schmerzhafte Veränderung anzugehen, lieber den Coach als schlecht beschimpfen, um sich zu drücken.

Checkliste: Folgende Kriterien sollten Sie aufhorchen und skeptisch werden lassen

❑ Ihr erster spontaner Eindruck ist negativ. Ersticken Sie Ihre Intuition bitte nicht durch rationale Überlegungen. Der erste Eindruck erweist sich oft als richtig.

❑ Der Coach drängt gleich im Erstgespräch auf Ihre Unterschrift unter den Beratungsvertrag.

❑ Achten Sie darauf, dass Ihr Coach auch Ihre Sprache spricht. Es nützt Ihnen überhaupt nichts, wenn er gestelzt und für Sie unverständlich kommuniziert. Es ist sehr wichtig, dass er konkret auf Sie und Ihre Situation eingehen kann.

❑ Hüten Sie sich vor penetranten Besserwissern. Das sind diejenigen, die bereits alles erlebt haben und immer wieder betonen, wie kompetent sie doch sind.

❑ Sie werden von Ihrem Coach unvermittelt geduzt. Der Coach ist nicht Ihr Kumpel oder Freund. Eine ausgeglichene Nähe bzw. Distanz ist für den Erfolg sehr wichtig.

❑ Sie merken nach mehreren Sitzungen, dass Sie im Grunde nicht weitergekommen sind. Wenn Ihr Coach jetzt meint, dass dies ganz normal ist und sich bald ändern wird, sollten bei Ihnen die Alarmglocken mindestens leise anfangen zu läuten.

❑ Ihr Coach macht Ihnen immer wieder den Vorschlag, weitere kostspielige Seminare und Workshops zu besuchen.

Coaching unter Freunden und Kollegen

Eltern und Verwandte können zu konstruktiven Mentoren werden. Es gibt aber auch sehr viele Beispiele, in denen Kinder besonders durch ihre Eltern eher blockiert als gefördert worden sind.

 Gibt es im Kreis Ihrer Verwandten jemanden, der Ihnen durch sein Know-how oder seine Persönlichkeit zur Seite stehen kann? Vielleicht haben Sie sich bisher nie getraut zu fragen oder es war für Sie überflüssig. Viele, gerade ältere Menschen besitzen einen kostbaren Erfahrungsschatz, der darauf wartet, gehoben zu werden. Gibt es in Ihrem persönlichen Umfeld Freunde oder Bekannte, die Ihnen im Job oder privat helfen können?

Ein Mentor oder Coach muss nicht bei allen Themen glänzen. Analysieren Sie, in welchen Bereichen Ihres persönlichen oder beruflichen Lebens Veränderung bzw. Weiterentwicklung nötig ist. Gehen Sie dann konkret auf die Personen zu, von denen Sie wissen, dass sie in dem von Ihnen gesuchten Bereich erfolgreich sind. Bitten Sie sie, mit Ihnen die Problematik zu analysieren, und lassen Sie sich zum Umdenken anregen. Ein junger Pianist kam zu dem berühmten Dirigenten Leonard Bernstein und fragte ihn, ob er sein Mentor werden könnte. Bernstein antwortete: „Sag mir, was du tun willst, und ich sage dir, ob du es tun wirst oder nicht."

Bauen Sie sich einen Unterstützerkreis auf!

Suchen Sie sich für verschiedene Bereiche Coachs, die

- ❏ zuhören und dabei versuchen, Sie zu verstehen,
- ❏ Fragen stellen,
- ❏ herausfordern und beraten,
- ❏ eine andere Perspektive aufzeigen,
- ❏ eine „Realitätsprüfung" vornehmen,
- ❏ Ihr Selbstvertrauen stärken,
- ❏ regelmäßiges Follow-up (Controlling) durchführen.

Suchen Sie sich ein persönliches Support-Team

Ein Support-Team besteht aus Einzelpersonen, die verschiedene Funktionen haben:

Funktionen	Personen
Berater: Menschen, die Ihnen Rat und Problemlösemethoden an die Hand geben; Leute, die auf den Gebieten stark sind, wo Sie Schwächen haben.	1._____ 2._____ 3._____
Herausforderer: Leute, die Ihr Denken stimulieren; Leute, denen Sie sich erklären dürfen, die Ihre Denkweisen hinterfragen und die sich nicht scheuen, Sie zu konfrontieren.	1._____ 2._____ 3._____
Unterstützer: Leute, die mit ihren Fähigkeiten für Sie eine wertvolle Ressource sein können.	1._____ 2._____ 3._____
Kameraden: Menschen, die Ihre Anliegen und Ziele teilen (z. B. Kollegen)	1._____ 2._____ 3._____

Sponsoren/Mentoren: Leute auf höheren hierarchischen Ebenen, die Ihnen Gelegenheiten und Aufgaben geben, die Sie herausfordern; Leute, die Ihnen helfen, Ihr Netzwerk (Vitamin B) aufzubauen.

1.＿＿＿＿＿＿＿＿＿＿
2.＿＿＿＿＿＿＿＿＿＿
3.＿＿＿＿＿＿＿＿＿＿

Sparringspartner: Leute, die Ihnen helfen wollen und die unterschiedliche Ansichten haben; Leute mit Erfahrungen, die sich von Ihren Erfahrungen unterscheiden.

1.＿＿＿＿＿＿＿＿＿＿
2.＿＿＿＿＿＿＿＿＿＿
3.＿＿＿＿＿＿＿＿＿＿

Kollegiale Beratung

Teamleiter Lars Breuer gerät schon seit Wochen mit einem seiner qualifiziertesten Mitarbeiter wegen Kleinigkeiten immer wieder aneinander. Als er um ein klärendes Gespräch bittet, will dies der Mitarbeiter aus fadenscheinigen Gründen zeitlich nach hinten verschieben. Breuer merkt sofort, dass er im Grunde daran gar nicht interessiert ist. Er weiß sich keinen Rat mehr und klagt einem Kollegen während des gemeinsamen Mittagessens sein Leid. Der kann sich schnell in die Problematik hineindenken, da er als Teamleiter vor einem halben Jahr Ähnliches erlebt hat. Durch den Austausch fühlt Breuer allmählich wieder Boden unter den Füßen.

Dies ist sicherlich eine Situation, die sich Tag für Tag in unzähligen Kantinen und Großraumbüros abspielt. Kollegen treffen sich in Pausen und sind froh und dankbar, wenn sie ihr Leid Menschen klagen können, die denselben beruflichen Hintergrund haben. Sie müssen nicht groß den Kontext erklären, sondern können sofort mit der Kernproblematik loslegen. Für diese eben beschriebene Situation gibt es in der Personalentwicklung den festen Begriff: kollegiale Beratung.

Anstatt immer wieder nach den neusten Techniken und Methoden Ausschau zu halten, hat man sich hier auf eine vorhandene Ressource besonnen: den Mitarbeiter selbst. Immer mehr Firmen lenken mithilfe von externen Beratern diese Ressource in feste Bahnen. Das bedeutet, dass ein externer Trainer die Teilnehmer einer Gruppe innerhalb der betreffenden Firma nur zu Beginn betreut und diese dann selbstständig über längere Zeit weiterarbeiten. Das hat Kim-Oliver Tietze in seinem Buch *Kollegiale Beratung, Problemlösungen gemeinsam entwickeln* folgendermaßen beschrieben:

Problemlösungen gemeinsam entwickeln

1. Informations- und Auftaktphase

   Bei einem ersten Treffen erhält die Gruppe einen Überblick über Ziele und Methoden der kollegialen Beratung. Nach dieser Einführung können die Teilnehmer einschätzen, was von ihnen erwartet wird und was sie im Gegenzug erhalten. Dann werden Dauer und Umfang der kollegialen Beratung vereinbart. Außerdem werden Rahmenbedingungen für die Arbeit der Gruppe – manchmal sogar in Form eines schriftlichen Kontrakts – festgelegt. (Wie sieht es aus mit der Vertraulichkeit? Muss man immer an den Treffen teilnehmen?)

2. Starthilfephase

   Der Einstieg in die kollegiale Beratung wird durch den Starthelfer (externer Trainer) erleichtert: Er versetzt die Gruppe bei einem Seminar in die Lage, eigenständig qualifiziert zu beraten. Dazu vermittelt er ihnen methodisches Handwerkszeug und Wissen über kompetente Gesprächsführung. Außerdem sollte in einem Praxisteil die kollegiale Beratung schon konkret geübt werden.

3. Die Zeit der ersten Sitzungen

    Nach dem Starthilfeseminar kann die Gruppe selbstständig arbeiten. In der ersten Zeit wird sie allerdings noch von ihrem Starthelfer begleitet: Er unterstützt sie dabei, offene Fragen zur Methodik zu klären, Spannungen in der Gruppe aufzuarbeiten und möglichen Fehlentwicklungen entgegenzusteuern. Wenn Ihre Firma dies anbietet und Sie die Möglichkeit haben, daran teilzunehmen, ist das ein gutes Angebot: Sie werden in der Regel viel von und mit Ihren Kollegen lernen. Dieses kollegiale Gruppencoaching wird momentan wohl eher noch die Ausnahme sein.

Organisieren Sie selbst mit interessierten Kollegen einen regelmäßigen Gedankenaustausch. Sicher ist der eine oder andere Kollege dazu bereit. Gehen Sie die Sache entspannt an und erwarten Sie nicht sofort die supertollen Ergebnisse, denn alle Teilnehmer müssen zunächst gegenseitiges Vertrauen aufbauen.

Die Führungskraft als Coach

Überall wo Menschen in Gruppen zusammenarbeiten, egal, auf welcher Führungsebene, muss eine Führungskraft auch immer die Rolle eines Coach übernehmen. Denn den Mitarbeitern müssen ihre Aufgabenbereiche verständlich vermittelt werden, Aufgaben müssen an die richtigen Mitarbeiter delegiert werden, das Arbeitsklima sollte stimmen … Das ist der einzelnen Führungskraft oft gar nicht bewusst und dies ist einer der Gründe, warum man auch bei sehr renommierten Firmen bei Mitarbeiterführung auf steinzeitliches Führungsverhalten trifft. Mitarbeiter werden eingeschüchtert, durch zynische Äußerungen in die Defensive gedrängt, nur als austauschbare Nummer wahrgenommen und nicht als Menschen.

Checkliste: Gelungenes Coaching einer Führungskraft erkennen Sie daran, wenn ...

❏ ... Vertrauen ein wesentlicher Faktor im gegenseitigen Miteinander ist.

❏ ... die Führungskraft sich für das optimale Arbeitsklima verantwortlich fühlt und ständig für Verbesserungsvorschläge offen ist.

❏ ... die Führungskraft jeden Mitarbeiter im Auge behält und ihm immer wieder punktuell ein durchdachtes Feedback anbietet.

❏ ... Motivation der Mitarbeiter kein Fremdwort ist, sondern ein wesentlicher Bestandteil des Führungsstiles.

❏ ... ein regelmäßiger offener Austausch innerhalb der Gruppe und in Anwesenheit der jeweiligen Führungskraft möglich ist und auch gepflegt wird.

❏ ... die Mitarbeiter in jeder Hinsicht gefördert werden und deshalb der Wunsch nach Weiterbildung gern gesehen wird.

❏ ... die Führungskraft Mitarbeiter und auch Probleme richtig einschätzen kann, um dann konstruktiv an Lösungsvorschlägen mit den jeweiligen Mitarbeitern zu arbeiten.

Zuletzt wird noch eine weitere, noch günstigere, wenn auch weniger wirkungsvolle Variante von Coaching vorgestellt. Claire und Clemens aus unserem Beispiel haben von ihrem Coach ein wichtiges Werkzeug mit auf den Weg bekommen. Es nennt sich: Selbstcoaching. Es wird heute von vielen erfolgreichen Menschen praktiziert, um die geistige Fitness für den Beruf zu trainieren.

Selbstcoaching

Beim Selbstcoaching handelt es sich nicht um eine fragwürdige Modeerscheinung auf dem Gebiet der Psychotechnik. Die Technik des Selbstcoachings sieht den Menschen als Einheit in Abhängigkeit von seinem beruflichen und privaten Umfeld. Die einzelnen Bausteine dieser Methode stammen aus der Gesundheits- und Kognitionspsychologie sowie Teilen der Emotionsforschung. Es geht vor allem darum, sich von einer inneren und äußeren Anspannung zu lösen und sich im entspannten Zustand auf die Gedanken zu konzentrieren, die aufbauenden Charakter haben.

Ruhe, Selbstvertrauen, Konzentration

Mit einiger Übung ist man dann auch in der Lage, im täglichen Stress oder in Momenten höchster Anforderungen innerlich Ruhe, Selbstvertrauen und Konzentration zu bewahren.

Die amerikanische Forscherin Susan Jackson hat in einer Studie mit 28 Eliteathleten herausgefunden, dass Selbstvertrauen, die Fähigkeit sich zu konzentrieren und der Grad der Motivation Schlüsselfaktoren für einen konstanten Erfolg sind. Selbstcoaching erhöht diese Faktoren in hohem Maße. Die Erfolge der US-Athleten und das magere Ergebnis der bundesdeutschen Athleten bei den Olympischen Sommerspielen in Athen 2004 unterstreichen dies. Unter deutschen Sportlern und Funktionären wird deshalb auch diskutiert, wie man künftig mental und nicht nur muskulär stärker sein kann.

Selbstcoaching als Selbstdoping – wie funktioniert das?

Unser Gehirn besteht aus zwei Hälften, die unterschiedlich funktionieren. Ganz vereinfacht ausgedrückt ist die linke Hälfte zuständig für Sprache und Logik, die rechte für Gefühle und Bilder. Wenn die linke Gehirnhälfte durch einen Unfall beschädigt wird, kann man nicht sprechen, aber fühlen. Man weiß, was man sagen möchte, kann es aber nicht mehr in Worte fassen.

Wenn die rechte Hälfte zerstört wird, kann man zwar die richtigen Worte formulieren, allerdings spricht man jetzt sehr monoton, weil keine Gefühle oder emotionale Äußerungen mehr involviert sind.

Die rechte Gehirnhälfte beinhaltet also Emotionen wie Ängste, Sorgen und verletzte Gefühle. Wenn ich Angst habe bzw. fühle, so bestehen meine Gedanken automatisch aus ängstlichen Worten und Bildern. Um nicht in meinen Ängsten zu versinken, fange ich an zu denken, was ich denken möchte, und merke, dass jetzt meine Gedanken meine Gefühle dominieren. Ich rufe mir zu: „Hey stopp mal, so schlimm ist es doch überhaupt nicht. Es ist keine Katastrophe über dich hereingebrochen. Du schaffst das schon!" Mein einfaches rationales Selbstgespräch macht mich ruhiger, rationaler und setzt mein logisches Denken in Gang. Als natürliche Folge werde ich ruhiger und weniger negativ (s. Kapitel 5). Das ist der Kern des Selbstcoachings. Lassen Sie sich bitte nicht irritieren, weil es so einfach daherkommt. Eine alte Lebensweisheit weist darauf hin, dass die einfachen Dinge, richtig angewandt, oft die effektivsten sind.

Rationales Selbstgespräch

Die sechs Selbstcoaching-Schritte

❏ Schritt 1: Welches ist Ihr Coaching-Ziel?
Am Anfang steht die Frage, was Sie mit dem Selbstcoaching erreichen möchten. Ein klar definiertes Ziel (s. Kapitel 2) ist die Basis für alles Weitere. Sonst geht es Ihnen so wie jenen Burschen, die ihre Anstrengungen verdoppelten, als sie das Ziel aus den Augen verloren hatten.
Formulieren Sie dabei keine komplizierten Sachverhalte, sondern drücken sie es so einfach wie möglich aus, z. B.:

- beruflich weiterkommen
- Ihr Selbstwertgefühl verbessern
- Menschenfurcht ablegen

Schreiben Sie Ihre Coaching-Ziele konkret auf:

1.＿＿＿＿＿＿＿＿＿＿＿＿＿＿＿＿＿＿＿＿＿＿＿＿＿＿＿＿

2.＿＿＿＿＿＿＿＿＿＿＿＿＿＿＿＿＿＿＿＿＿＿＿＿＿＿＿＿

3.＿＿＿＿＿＿＿＿＿＿＿＿＿＿＿＿＿＿＿＿＿＿＿＿＿＿＿＿

❏ Schritt 2: Geben Sie sich selbst die nötigen Befehle
Sprechen Sie zu sich selbst. Versuchen Sie, in einer schwierigen Situation neben sich zu treten, und analysieren Sie diese. Fangen Sie an, zu sich zu sprechen. Beispiel: „Entspann' dich. Atme tief durch. Geh jetzt auf Herrn X zu und berichte ihm von dem Vorfall. Entspanne dein Gesicht ..." Coachen Sie sich mit Befehlen. Aber bitte nicht im Kasernenton, sondern eher mit dem sanften, aber bestimmten Tonfall eines guten Freundes („Du darfst" statt „Du musst"). Wenn Sie nicht wissen, wie das geht, helfen Tonträger von bekannten Managementtrainern. Sie spüren selbst ziemlich schnell, wer Ihnen zusagt, wer Sie eher abstößt und verunsichert. Merken Sie sich bestimmte Formulierungen und verwenden Sie diese für Ihre Befehle. Beispiel: Wenn Sie abends müde sind und länger arbeiten müssen, als Ihnen lieb ist, sprechen Sie sich selbst zu: „Wenn ich bis zehn gezählt habe, fühle ich mich fit und kreativ." Schon diese einfache Übung kann Wunder wirken.

❏ Schritt 3: Geben Sie sich selbst Ratschläge
Stellen Sie sich vor, einer Ihrer Freunde wäre in Ihrer Situation. Welche Ratschläge würden Sie ihm geben? Und jetzt sprechen Sie mit sich selbst so, wie Sie mit Ihrem besten Freund reden würden. Seien Sie geduldig und freundlich mit sich selbst. Machen Sie sich selbst Mut und versuchen Sie, die bestmöglichen Ratschläge zu formulieren, und folgen Sie ihnen dann.

❏ Schritt 4: Ermutigen Sie sich selbst und erkennen Sie ihre eigenen Stärken
Es ist ein riesengroßer Unterschied, ob Sie sich sagen: „Ich schaffe es", oder sagen: „Das schaffe ich nie." Nichts anderes ist Selbstvertrauen. Sie trauen Ihren eigenen Fähigkeiten. Auch

wenn sich alles in Ihnen sträubt und Ihre Eltern oder andere wichtige Schlüsselpersonen in Ihrem Leben Ihnen immer eingeredet haben, dass Sie es nicht schaffen, ist es jetzt von absoluter Wichtigkeit, die „Festplatte" Ihrer Persönlichkeit neu zu programmieren. Sie werden an mentaler Stärke gewinnen, wenn Sie sich auf Ihre Fähigkeiten konzentrieren und sich deutlich vor Augen führen, was Sie bisher geschafft haben. Hier geht es nicht um Selbstüberschätzung – angemessene Selbstakzeptanz weiß auch sehr genau, wo die Schwächen sind.

❑ Schritt 5: Behandeln Sie andere so, wie Sie selbst gern behandelt werden möchten

Eine Bibelweisheit lautet: „Liebe deinen Nächsten wie dich selbst." Probieren Sie doch einfach mal diese Weisheit aus. Anstatt sich zu bemühen, mit den Kollegen, Nachbarn, Chefs usw. korrekt und nett umzugehen, lieben Sie sie einfach. Ihr Fokus liegt dann nicht mehr auf Ihnen selbst, sondern auf Ihrem Gegenüber. Sie werden überrascht sein, wie viel Sie zurückbekommen werden. Der häufigste Fehler, den Menschen machen, besteht darin, dass sie einfach nur versuchen, positiver zu sein. Im Umgang mit Ihren Mitmenschen bedeutet das, dass Sie freundlicher mit ihnen umgehen möchten. Wenn Sie sie aber nicht lieben, entsteht oft eine Theatershow, die deutliche Spuren von Falschheit in sich trägt. Suchen Sie sich Menschen und Vorbilder, von denen Sie lieben lernen können. Bedenken Sie immer, Sie können nur das an andere weitergeben, was Sie selbst besitzen bzw. erfahren haben. Deshalb überfordert die Bibelweisheit auch nicht, sondern bezieht die momentane Ausgangssituation realistisch mit ein. Sie müssen sich nicht verkrampfen und etwas produzieren, das gar nicht da ist.

❑ Schritt 6: Wiederholen Sie, was sich bisher als positiv bewährt hat

Das können Sätze sein, die Ihnen geholfen haben, Ihr negatives Denken zu neutralisieren und dann in die positive Richtung zu lenken. Das können auch Orte sein, wo Sie sich besonders wohl gefühlt haben, die angefüllt sind mit positiven, Mut machenden Erinnerungen. Wenn es möglich ist, besuchen Sie diese Orte real – oder in Ihrer Phantasie – und tanken Sie neu auf, indem Sie für eine Zeit den Alltag hinter sich lassen. Das können auch schwierige Situationen aus dem Berufsalltag sein, die Sie gemeistert haben. Beispiel: „Gab es schon mal ein Gespräch, in dem ich überzeugend und sicher aufgetreten bin?" Lassen Sie diese Situationen noch einmal vor Ihrem inneren Auge ablaufen und tanken Sie Zuversicht.

Filmstars brauchen für jeden Lebensbereich einen Coach

Fassen wir zusammen: Brauchen erfolgreiche Menschen persönliche Coachs, um erfolgreich zu bleiben? Sportler, vor allem auch prominente, haben den persönlichen Trainer an ihrer Seite, um Höchstleistungen zu vollbringen. Selbst für Laien ist es unvorstellbar, dass ein Sportler ganz ohne Coach zur Weltspitze gehören kann. Ähnlich verhält es sich mit Filmstars, die eine ganze Legion von *Personal Coaches* beschäftigen. Fitnesstrainer, welche die Figur optimal betreuen, Berater für die vorteilhafteste Kleiderwahl, Sprachtrainer usw.

Und die Führungskräfte der Wirtschaft? Dort wird verstärkt in den oberen Führungsetagen gecoacht und nach unten hin gern gespart. Eigentlich unlogisch. Übertrüge man dies auf eine Fußballmannschaft, dürfte dort auch nur der Kapitän der Mannschaft trainiert werden. Und weil es Coaching noch nicht als Breitensport in der Wirtschaft gibt, sind wieder einmal Sie persönlich gefragt und gefordert. Warren G. Bennis, Professor für Betriebswirtschaftslehre und Bestsellerautor, hat es so ausgedrückt: „Ein Merkmal für Führungspotenzial ist die Fähigkeit, zu erkennen, wer das eigene Leben positiv verändern könnte, und diese Person als Mentor für sich zu gewinnen."

Weiterführende Informationen

Bücher:

Looss, Wolfgang: *Unter vier Augen*, Redline Wirtschaft 2002
Peters, Thomas J.: *Auf der Suche nach Spitzenleistungen*, Redline Wirtschaft 2004
Tietze, Kim-Oliver: *Kollegiale Beratung. Problemlösungen gemeinsam entwickeln*, Rowohlt 2003
Whitemore, John: *Coaching für die Praxis*, Heyne 1997

9 Erfolg und Selbstmarketing

Erfolg haben heißt, die richtigen Leute auf der richtigen Party
zur richtigen Zeit zu treffen.
Cyril Nothcote Parkinson (1909-1993)

Auf diese Fragen werden Sie Antworten bekommen:

❑ Aus welchen Bausteinen setzt sich das Erfolgshaus zusammen?

❑ Wie funktioniert effektives Networking?

❑ Welche bewährten Erfolgstechniken und -strategien erleichtern das Arbeitsleben?

❑ Wie werde ich schlagfertiger?

❑ Wie verkaufe ich mich und meine Arbeit besser?

Wenn es einen Weltmeister des Networking gäbe, wäre er ganz sicher der Champion. Keiner beherrscht das Handwerk so wie er, was die Branche voll Neid anerkennt. Robert „Bob" Woodward, die Reporterlegende, der Doyen des US-Enthüllungsjournalismus und Watergate-Aufklärer. Vor mehr als 30 Jahren hat der damals namenlose Journalist der *Washington Post* eine Verschwörung des Weißen Hauses aufgedeckt, die Präsident Richard Nixon das Amt kostete. Krakenartig hat er sich seither ein Informantennetzwerk aufgebaut, das in den USA seinesgleichen sucht. Er hat Zugang zu den geheimsten Informationen und den wichtigsten Entscheidern. Ohne Netzwerk wäre er wahrscheinlich nicht besser als ein Lokalredakteur in Montana.

Als deutscher Meister im Networking hätte z. B. Roland Berger, der Gründer der gleichnamigen Unternehmensberatung, gute Chancen. Er hat es geschafft, in die Spitzenpolitik – über alle Parteien und Entscheidungsträger hinweg – und vor allem auch in das Top-Management der Wirtschaft seine Beziehungsfäden zu spinnen.

Wie effektives Networking funktioniert, wird in diesem Kapitel **Tschaka ist out**
beleuchtet. Die Tschaka-du-schaffst-es-Zeiten sind vorbei, auch das Laufen über glühende Kohlen oder Glassplitter ist aus der Mode gekommen. Jürgen Höller, einst Star der New Economy *(Sag ja zum Erfolg!)* und nach eigener Einschätzung „Europas

wohl bekanntester Motivationstrainer" wurde wegen Untreue und Bankrott in eine vergitterte Staatsunterkunft geschickt. Mittlerweile geht es wieder stärker um eine realistische (Selbst-) Einschätzung von Stärken und Schwächen, um daraus persönliche Erfolgsstrategien abzuleiten. Auch wenn wir gern die Natur überlisten wollen: Erfolg ist wie Sonnenschein – heiß geliebt, aber nicht immer zu haben. Bedenken Sie auch, wenn immer nur die Sonne schiene, dann entstünde Dürre, Wüste. Kein fruchtbarer Garten – und keine verlockende Aussicht. Erfolg ist auch gefährlich: Er kann leichtsinnig und hochmütig machen. Man fixiert die Sonnenstrahlen und nimmt gar nicht war, dass von der Seite ein schweres Gewitter heranzieht.

Generation Ich Zugleich wird der Vermarktungsaspekt in der „Generation Ich" immer wichtiger. Warum sind Marken wie Coca-Cola, Puma oder BMW wertvoll? Weil sie für eine Leistung, für ein Lebensgefühl stehen. Gute Produkte haben einen Markenwert – logisch. Auch Menschen können einen Markenwert haben – z. B. stellvertretend Thomas Gottschalk, Günther Jauch oder auch die Dame mit dem Blub und mediales Gesamt-Kunstwerk, Verona (Feldbusch) Pooth. Was im Großen, sprich bei Prominenten, funktioniert, funktioniert auch im Kleinen, d. h. bei Ihnen am Arbeitsplatz.

Das Erfolgshaus

Doch wie funktioniert das Spiel? Verinnerlichen Sie das Sechs-Bausteine-Haus. In den bisherigen Kapiteln haben Sie bereits entscheidende Elemente kennengelernt und in den drei nächsten Kapiteln werden weitere dazukommen. Doch arbeiten Sie jetzt in diesem Kapitel mit den sechs Erfolgsbausteinen Networking, Fleiß, Ehrgeiz/Ausdauer, Strategien/Taktiken, Schlagfertigkeit und Selbstmarketing.

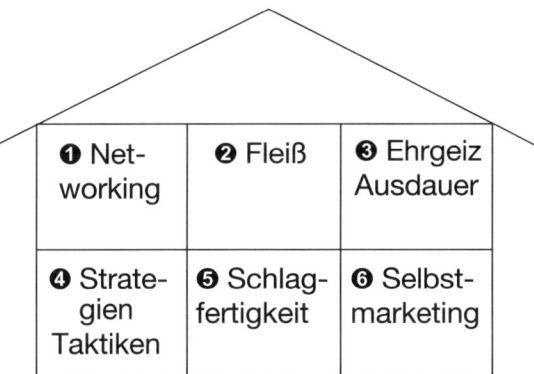

Baustein 1: Networking

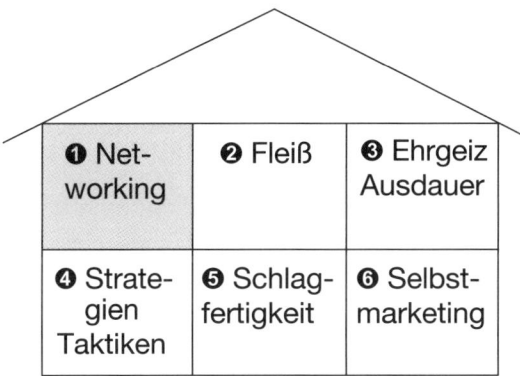

Warum Networking immer wichtiger wird

Wer nicht vernetzt ist, lässt sich leicht isolieren oder ist bereits isoliert und wird dadurch auch schneller ein Opfer von Mobbing-Angriffen. Neben dieser negativen Sicht gibt es auch noch die positive: Mit der richtigen Seilschaft kommt man leichter nach oben. Auch wenn über Vitamin B gern gespöttelt wird. Es gilt, was der Volksmund weiß: Beziehungen schaden nur dem, der sie nicht hat. Voilà, spinnen Sie Ihr Netzwerk. Warten Sie nicht, bis vielleicht in Lichtjahren irgendjemand auf Sie zu-

Mit der richtigen Seilschaft kommt man leichter nach oben

kommt. „Rühr dich oder stirb", meint auch der weltweite Marketing-Guru Philip Kotler.

So gehen Sie weiter vor

❏ Bestandsanalyse: Machen Sie Inventur: Wie sieht das bestehende Netzwerk aus?
- Wer gehört alles dazu?
- Wie profitieren Sie bisher voneinander?
- Macht es (für beide) Sinn, den Kontakt zu intensivieren?

❏ Planung: Definieren Sie nun Ziele, wo Sie in einem Monat, in einem halben Jahr, in einem Jahr stehen möchten:
- Wen möchten Sie (neu) näher kennenlernen?
- Warum?
- Wie können Sie wechselseitig profitieren? Konkret: Was können Sie geben? Was wollen Sie nehmen?

❏ Kontrolle: Überprüfen Sie Ihre Pläne:
- Ist mein Netzwerk dichter geworden? (Quantität)
- Habe ich mehr relevante Informationen als zuvor? (Qualität)
- Wiederholung Schritt 1 und 2.

Networking in Königshäusern und in der Wirtschaft

Wurden früher Königshäuser und Dynastien durch geschickte Verheiratung gesichert oder ausgeweitet, wird in feineren (Wirtschafts-)Kreisen heutzutage eine modifizierte Strategie praktiziert: Im Top-Management werden gern einflussreiche Patentanten oder -onkels für die eigenen Kinder gesucht. So hat sich z. B. ein Top-Manager eines Verlagshauses als Patentante die Verlegerin „geangelt".

Beachten Sie beim Networking

❏ Schicken Sie einfach mal eine kurze E-Mail oder rufen Sie schnell mal einen alten Kollegen an. Übrigens, auch ein Kollege, der geht oder neu kommt, freut sich über ein liebevolles Wort. Es sollte aber echt sein und nicht nur aufgesetzt. Dabei kommt es nicht auf geschliffenes Deutsch an und die Länge. Lieber zwei oder vier Mal kurz im Jahr melden als alle fünf Jahre zwei Stunden telefonieren.

❏ Viele Menschen freuen sich, wenn andere an sie denken. Mit anderen Worten: Wenn Sie einen interessanten Presseartikel entdecken, der einen Kollegen – auch in einer anderen Abteilung – interessiert, dann leiten Sie ihn möglichst gleich an ihn weiter.

❏ Geben und Nehmen muss in einem ausgewogenen Verhältnis stehen. Denken Sie in Win-Win-Dimensionen: Beide müssen einen Nutzen davon haben, ansonsten wird die Bekanntschaft dauerhaft nicht stabil sein.

❏ Wer nur nimmt, stößt den anderen vor den Kopf und schlägt sich damit selbst alle Türen zu.

❏ Wenn herauskommt, dass Sie bestimmte Dinge nur mit dem Hintergedanken erledigen, den anderen zu instrumentalisieren, kann das Ganze negativ auf Sie zurückfallen. Sprich: Um den Bumerang-Effekt zu vermeiden, sollten Sie eher dezent agieren.

Checkliste: Networking

So erhöhen Sie intern Ihren Bekanntheitsgrad:

❏ Versuchen Sie, sich regelmäßig mit wichtigen bzw. interessanten Leuten zu treffen. Machen Sie sich eine Liste, die Sie ganz bewusst „abarbeiten". Mit wem waren Sie z. B. wann zuletzt zum Mittagessen? Auch Vorstandsassistenten und -sekretärinnen können eine interessante Zielgruppe sein. Und wenn's mit dem Personalchef oder den Leitern von wichtigen Geschäftsbereichen („Business-Units") nicht direkt klappt (warum eigentlich nicht mal freundlich „frech" fragen), kann auch eine „einfache" Personalreferentin interessant sein.

❏ Wenn Sie einen guten Draht herstellen wollen, müssen Sie sich regelmäßig, also öfters, mit dieser Person treffen. Nähe schafft Sympathie, wenn einem der andere nicht grundunsympathisch ist. Aber dann würde man sich ja auch nicht wieder treffen wollen.

❏ Schreiben Sie in der Mitarbeiterzeitung (Hauszeitschrift) oder – noch besser – lassen Sie über sich schreiben und andere Sie loben: Eigenlob stinkt, Fremdlob klingt.

❏ Übernehmen Sie Projekte, mit denen Sie unternehmensweit bekannt werden. (Starten Sie z. B. eine Ideenkampagne, wie das Unternehmen Kosten sparen kann, oder – noch besser – sich neues Kundenpotenzial, neue Märkte etc. erschließen kann. Oder: Engagieren Sie sich für Sozialleistungen im Betrieb, die aber nicht nur Nutzen für die Mitarbeiter, sondern unbedingt auch dem Unternehmen Nutzwert stiften müssen: z. B. ein Betriebskindergarten.)

❏ Sichern Sie sich die Unterstützung eines Mentors, der in der Unternehmenshierarchie möglichst weit oben angesiedelt ist.

❏ Helfen Sie anderen: Wenn Sie Sonderkonditionen für Waren oder Dienstleistungen bei anderen Unternehmen organisieren können, lassen Sie alle im Unternehmen profitieren (Dankbarkeit). Kooperieren Sie mit dem Betriebsrat!

❏ Besuchen Sie (interne) Seminare, um Kontakte zu knüpfen (weitere „Flurfrequenzen“).

❏ Werden Sie Mitarbeiter der Woche, des Monats, des Jahres – sofern es eine vergleichbare Auszeichnung bei Ihnen gibt.

❏ Fallen Sie durch irgendeine Andersartigkeit auf – z. B. durch Kleidung: immer in Schwarz oder nur rote Fliegen oder normalerweise ohne Krawatte (sofern dies im Toleranzbereich liegt, aber fallen Sie nicht so negativ aus dem Rahmen, dass das Ganze einen Bumerang-Effekt hat: z. B. stets mit Sandalen ins Büro zu kommen, es sei denn, Sie sind z. B. Bademeister). Oder durch Etikette: z. B. Handkuss …

❏ Je besser Sie informiert sind, desto besser können Sie andere informieren und desto beliebter sind Sie im Regelfall. (Wahren Sie aber Vertraulichkeit.)

❏ Wenn Sie eine gute Idee haben (mit Nutzwert fürs Unternehmen), überlegen Sie, ob es vielleicht bei der Geschäftsführung besser aufgehoben ist – oder beim betrieblichen Vorschlagswesen (Kreativität demonstriert gleichzeitig Engagement).

❏ Wenn Sie sich karitativ engagieren, könnte es auch sinnvoll sein, im Unternehmen dafür dezent die Werbetrommel zu rühren. Vielleicht unterstützt sogar die Geschäftsführung Ihre Idee (soziales Engagement gilt normalerweise als breit akzeptiert).

So erhöhen Sie extern Ihren Bekanntheitsgrad:

❏ Vermitteln Sie Ihr Wissen auf Seminaren bzw. besuchen Sie welche (externe).

❏ Werden Sie Lehrbeauftragter: Unterrichten Sie, wenn Sie es sich finanziell leisten können, auch kostenlos an (Hoch-)Schulen.

❏ Schaulaufen Sie: Übernehmen Sie Vorträge auf Kongressen, Symposien, Expertentagen, Messen und Ausstellungen.

❏ Werden Sie Mitglied in relevanten Verbänden (z. B. Wirtschaftsjunioren), Organisationen etc.

❏ Achtung Hochschulabsolventen: Werden Sie Mitglied einer Alumni-Organisation Ihrer Hochschule. Es gibt keine Ehemaligen-Vereinigung – dann gründen Sie eine! Auch als Altstipendiat sollten Sie von dem Netzwerk der Intelligenz profitieren.

❏ Knüpfen Sie Kontakte zu Headhuntern (Personalberatern). Es gibt viele Brancheninsider unter den Beratern.

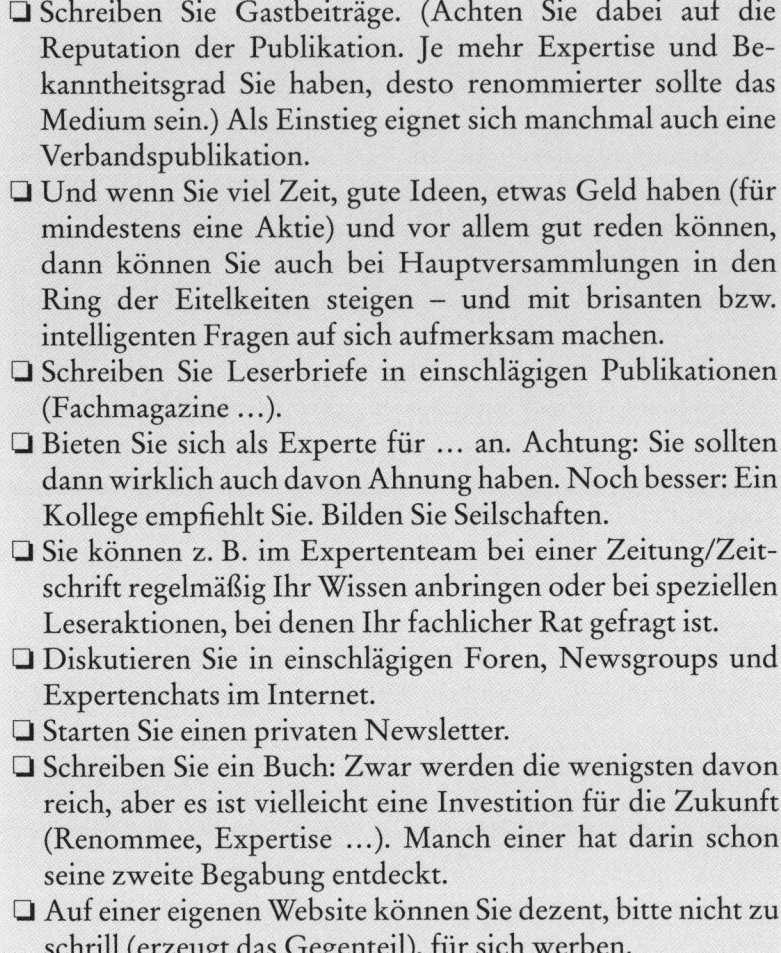

- ❏ Schreiben Sie Gastbeiträge. (Achten Sie dabei auf die Reputation der Publikation. Je mehr Expertise und Bekanntheitsgrad Sie haben, desto renommierter sollte das Medium sein.) Als Einstieg eignet sich manchmal auch eine Verbandspublikation.
- ❏ Und wenn Sie viel Zeit, gute Ideen, etwas Geld haben (für mindestens eine Aktie) und vor allem gut reden können, dann können Sie auch bei Hauptversammlungen in den Ring der Eitelkeiten steigen – und mit brisanten bzw. intelligenten Fragen auf sich aufmerksam machen.
- ❏ Schreiben Sie Leserbriefe in einschlägigen Publikationen (Fachmagazine …).
- ❏ Bieten Sie sich als Experte für … an. Achtung: Sie sollten dann wirklich auch davon Ahnung haben. Noch besser: Ein Kollege empfiehlt Sie. Bilden Sie Seilschaften.
- ❏ Sie können z. B. im Expertenteam bei einer Zeitung/Zeitschrift regelmäßig Ihr Wissen anbringen oder bei speziellen Leseraktionen, bei denen Ihr fachlicher Rat gefragt ist.
- ❏ Diskutieren Sie in einschlägigen Foren, Newsgroups und Expertenchats im Internet.
- ❏ Starten Sie einen privaten Newsletter.
- ❏ Schreiben Sie ein Buch: Zwar werden die wenigsten davon reich, aber es ist vielleicht eine Investition für die Zukunft (Renommee, Expertise …). Manch einer hat darin schon seine zweite Begabung entdeckt.
- ❏ Auf einer eigenen Website können Sie dezent, bitte nicht zu schrill (erzeugt das Gegenteil), für sich werben.

Baustein 2: Fleiß

❶ Net- working	❷ Fleiß	❸ Ehrgeiz Ausdauer
❹ Strate- gien Taktiken	❺ Schlag- fertigkeit	❻ Selbst- marketing

Warum Fleiß auch heute noch eine wertvolle und erlernbare Fähigkeit ist

Vorbild Natur: Zwei Millionen Blüten fliegt eine Biene für ein Pfund Honig an.

Nur kurz soll dieser Punkt behandelt werden. Nicht weil er unwichtig ist, im Gegenteil, sondern weil eigentlich jeder ganz genau weiß, was Fleiß bedeutet: Hingabe, Ausdauer, Einsatz, Engagement, Disziplin. Stichwort Disziplin: Denken Sie dabei an Wolfgang Grupp, Trigema-Chef und Textilkönig von der Schwäbischen Alb. Genau, der mit dem Affen in der Werbung. Der Unternehmer mit Lieblingsmahlzeit belegte Brötchen sagt schlicht: „Disziplin ist wichtig, das A und O!" Übrigens gilt auch Bob Woodward, der berühmteste Reporter Amerikas, als ungeheuer fleißig und hartnäckig. Oder der Autodidakt Stefan Raab – selbst seine Kritiker bescheinigen dem musikalischen Autodidakten, Ex-Metzger und Entertainer („Böörti Vogts", „Wadde hadde dudde da", „Maschendrahtzaun") einen enormen Fleiß.

Warum fällt Fleiß uns meist so schwer? Es liegt am Gebratene-Tauben-Syndrom: Lust statt Last. Nach diesem Lust-Prinzip wäre z. B. Deutschlands höchste Kathedrale, das Ulmer Münster, nie entstanden.

Disziplin ist das A und O

Seien Sie Ihr privater Bauherr – bleiben Sie z. B. auch mal länger im Büro (wenn's nötig ist). Eine offene Bürotür kann dabei nicht schaden. Andere versuchen, ihren Fleiß und ihre Wichtigkeit zu dokumentieren, indem sie um 7 oder um 20 Uhr Mails verschicken. Meist wird dieser Bluff aber durchschaut, vor allem dann, wenn derjenige ansonsten einen ganz anderen Arbeitsrhythmus hat (Bumerang-Effekt).

Baustein 3: Ehrgeiz/Ausdauer

❶ Net-working	❷ Fleiß	❸ Ehrgeiz Ausdauer
❹ Strate-gien Taktiken	❺ Schlag-fertigkeit	❻ Selbst-marketing

Wie Sie sich Ehrgeiz und Ausdauer aneignen können

Arbeite härter, sei zäher!

❏ Die einstige US-Außenministerin Madeleine Albright fällt unter diese Rubrik. Ihr Motto lautet: „Arbeite härter, sei zäher." Ihre Dissertation schrieb die dreifache Mutter, indem sie sich jahrelang morgens um halb fünf an den Schreibtisch setzte.

❏ Gleichzeitig gilt auch: „Es ist nichts schlimmer für eine Karriere, als wenn man den Gipfel zu früh erreicht und den langen Marsch auf dem flachen Plateau des Establishments vor sich hat, oder, noch schlimmer, wenn die Arbeiten, mit denen man sich einen Ruf erworben hat, immer weiter in der Vergangenheit entschwinden", so der bedeutende britische Historiker und hinreißende Schriftsteller Eric Hobsbawm.

❏ Vorbild Natur: Baumwurzeln heben Asphalt, Pilze durchbrechen ihn.

❏ Denken Sie kaltblütig an den Satz: Geduld und Ruhe sind keine Rennpferde, aber gute Zugpferde.

Baustein 4: Strategien/Taktiken

❶ Net-working	❷ Fleiß	❸ Ehrgeiz Ausdauer
❹ Strate-gien Taktiken	❺ Schlag-fertigkeit	❻ Selbst-marketing

Welche bewährten Erfolgstechniken und -strategien Ihnen das Arbeitsleben erleichtern

In den Kapiteln 2 und 4 haben Sie bereits das Fundament des Erfolgs kennen gelernt: Jetzt werden Ihnen sieben wichtige Prinzipien des Arbeitslebens präsentiert, die mit über Erfolg bzw. Misserfolg entscheiden – und sich vor allem in der Praxis bewährt haben:

Prinzipien des Arbeitslebens

1. Tappen Sie nicht in die *Perfektionismus-Falle*: Natürlich sollten Sie nicht die Rechengesetze außer Kraft setzen und Fehlkalkulationen oder -buchungen als Erfolgsmaßstab für Anti-Perfektionismus nehmen. Stattdessen sollten Sie es mit Vilfredo Pareto halten: 80 Prozent der Informationen werden in 20 Prozent der Zeit zusammengetragen. Die restlichen 20 Prozent verschlucken 80 Prozent Ihrer knappen Zeit (s. Kapitel 6). Denken Sie also immer in Kosten-Nutzen-Relationen: Lohnt sich der weitere Mitteleinsatz? Oder haben Sie –

wie der Ökonom vornehm sagt – einen abnehmenden Grenznutzen? Außerdem bedenken Sie: *Fehler* gehören zum Job-Leben: „Die schlimmen Fehler macht man in der Absicht, einen Fehler gutzumachen." (Jean Paul)

2. Hört sich an wie eine Binsenweisheit, ist aber keine: „Trauen Sie keiner *Statistik*, die Sie nicht selbst gefälscht haben." Nicht nur Winston Churchill kannte die Tücken der Zahlen. Auch Benjamin Disraeli (1804-1881), ebenfalls renommierter britischer Premierminister, sah das ähnlich: „Es gibt drei Arten der Lüge: Lügen, verdammte Lügen und Statistiken." Kleines Beispiel gefällig: 100 Euro im Monat bei 8 Prozent Zinsen genügen, um in 45 Jahren Millionär zu sein. Allerdings ist diese Million später bei 3 Prozent Inflation jährlich gerade noch 267.000 Euro wert.

3. Drei *biblische Weisheiten* als Grundgesetz im Umgang miteinander, die Sie sich zu eigen machen sollten. Ansonsten laufen Sie Gefahr, in einen Rache- und Auge-um-Auge-Zahn-um-Zahn-Teufelskreis zu geraten:
   - *Goldene Regel*: Alles, was ihr wollt, das man euch tut, das tut auch ihnen (Matthäus-Evangelium 7,12).
   - *Saat-Ernte-Prinzip* (hängt eng mit der „Golden rule" zusammen): Was der Mensch sät, das wird er ernten (Galater 6,7). Sir Isaac Newton hat erst rund 1600 Jahre später in dem nach ihm benannten 3. Newton'schen Gesetz eben dieses Prinzip von actio und reactio in die Wissenschaft eingeführt.
   Was heißt das konkret? Bedenken Sie bei allen Handlungen (auch den unterlassenen), dass Ihr Gegenüber darauf reagieren wird – sofort oder später. Wenn Sie also miese Stimmung, Gerüchte, Negatives verbreiten, den anderen beleidigen oder öffentlich kritisieren usw., kommt der Bumerang irgendwann zurück. Umgekehrt: Wenn Sie Komplimente machen, helfen und motivieren, werden Sie selbst davon profitieren – sofort oder später.

- Erfolgsfaktor *Vergebung*: Können Sie vergeben? Wenn nicht, bedenken Sie, dass Vergebung seelische Müllabfuhr ist. Wer nachträgt, trägt die Last auf seinen Schultern und plagt sich damit weiter. Entlasten Sie sich: Seien Sie nachsichtig. Das verbessert das Arbeitsklima spürbar und vor allem Sie selbst tun sich auch leichter. Probieren Sie es am besten gleich aus: Welchen Personen sollten Sie bewusst (im Stillen) vergeben?

4. Deshalb ist auch dieser Punkt sehr wichtig: Wie übe ich *konstruktive Kritik*?

   Sagen Sie nicht: „Du hast dich bei der Präsentation schlecht verkauft." Sondern sagen Sie: „Du hast mich bei der Präsentation nicht überzeugt." Warum? Die Kritik wirkt nicht so verletzend und wird deshalb eher angenommen.

   Und vergessen Sie nicht die andere Seite der Medaille: Lassen Sie Kritik an sich nicht einfach abperlen, sondern sind Sie zunächst dankbar für jede kritische Anmerkung. Überlegen Sie, ob die Kritik berechtigt ist. Sprechen Sie mit einer Person Ihres Vertrauens darüber. Sie wissen ja, auch die besten Sportler brauchen Trainer, um noch besser zu werden.

5. Merke: *Rebellen* liebt man in der Regel nicht, auch wenn sie z. B. zum Ritter des niederländischen Ordens von Oranje-Nassau durch Königin Beatrix erhoben werden. Nehmen Sie den EU-Beamten Paul van Buitenen, der Skandale im EU-Apparat aufgedeckt hat (alle 20 Kommissare mussten im Frühjahr 1999 zurücktreten) und als Nestbeschmutzer kaltgestellt wurde. Dennoch: Überlegen Sie sich genau, was Sie (!) wollen: Opportunismus oder Rückgrat.

6. *Prinzip der Einfachheit*: Stichwort „Simplify your life" (Werner Tiki Küstenmacher/Lothar Seiwert). Verzicht, Loslassen und Rückbesinnung auf den Kern der Dinge reduzieren Stress und Unsicherheit. Sich von überflüssigem Ballast zu trennen ist eine kluge Strategie, die stetig zunehmende Komplexität zu bewältigen. Oder denken Sie an das Aldi-Prinzip von Brandes: nicht zu kompliziert denken und handeln.

7. Schreiben Sie unbedingt ein *Erfolgstagebuch*: In diese Datei tragen Sie alle Ihre Erfolge ein und dokumentieren Ihre persönliche Leistungsbilanz. Dies ist zugleich Ihr Tätigkeitsnachweis, wenn es einmal hart auf hart kommen sollte. Je nachdem, wie akribisch Sie das machen wollen, bilanzieren Sie täglich oder wöchentlich – nicht monatlich, da haben Sie bereits ein Drittel oder die Hälfte vergessen. Schreiben Sie keine Romane. Das kostet zu viel Überwindung. Telegrammstil oder Schlagworte genügen. Am besten elektronisch, dann geht Ihnen der Platz nicht aus und Sie können später sogar nach Stichworten suchen. Ein solches Dokument motiviert gerade auch in schlechten Zeiten (intrinsische Motivation, s. Kapitel 4)

Baustein 5: Schlagfertigkeit?

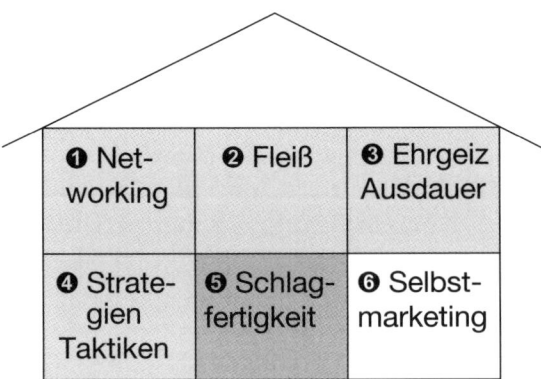

Es stolpern mehr Menschen über ihre Zunge als über ihre Füße. Zunächst der Trost für alle, die bisher dachten, dass immer nur der andere schlagfertig ist: Gekonnt kontern ist erlernbar – und keine Geheimwissenschaft.

Machen Sie einfach mal einen Schnelltest:

Was würden Sie sagen, wenn der andere sagt …

1. „Warum braucht das so lang?"

_____

2. „Was fällt Ihnen ein?"

_____

3. „Das kriegen Sie niemals hin!"

_____

4. „Du weißt immer alles besser!"

_____

5. „Sie Versager!"

_____

Achtung: Es gibt eine Vielzahl treffender Antworten. Probieren Sie es bei Antwort 1 doch mal mit: „Es ist wie bei den Frauen – auf die guten muss man lange warten." Statt Frauen können Sie auch Männer einsetzen. Antwort 2 z. B.: „Na sicher einiges mehr als Ihnen!" Antwort 3 z. B.: „Sie sollten nicht von sich ausgehen." Antwort 4 z. B.: „Gut, dass Sie das erkennen." Antwort 5 z. B.: „Da unterliegen Sie einer Fehleinschätzung." Angriffe können Ihnen weniger anhaben, wenn Sie sich weigern, die engen Wertvorstellungen des anderen zu akzeptieren. Denken Sie an Klaus Wowereit, der vor laufender Kamera selbstbewusst sagte: „Ich bin schwul und das ist gut so!" Meist ist es auch sinnvoll, das Problem und nicht die Person anzugreifen. Auch die Körperhaltung und die Stimme sind wichtige Punkte: Stehen Sie auf, schauen Sie Ihrem „Angreifer" in die Augen, nennen Sie ihn beim Namen und reden Sie dabei laut und deutlich. Oder kontern Sie wie der US-Präsident. Ein Reporter fragte den 43. US-Präsidenten George W. Bush angesichts des Irak-Debakels

Üben Sie Schlagfertigkeit!

gerissen: „Herr Präsident sind Sie jemand, der eigene Fehler einfach nicht zugeben kann?" Gefährliche Fangfrage, da der Befragte mit jeder Antwort eigentlich nur verlieren kann. Doch Bush kontert gewitzt: „Sicher habe ich Fehler gemacht, aber mir fällt jetzt gerade keiner ein."

Wie jeder gute Tennisspieler brauchen Sie ein Schlagrepertoire, das Sie bei Bedarf einsetzen können: Hier kommen 10 wichtige Tipps, um schlagfertiger zu werden:

1. Schmeicheln
   Beispiel: „Ich würde das mit links schaffen." Antwort: „Ich bin beeindruckt, was man alles von Ihnen lernen kann."

2. Humor
   Beispiel: Die Filmproduzentin Katharina Trebisch warnt Gerhard Schröder, der sich mit dem Rücken zu einer steil abfallenden Treppe postiert: „Vorsicht, Herr Bundeskanzler. Sie stehen am Abgrund." Die Antwort: „Keine Sorge, das bin ich gewohnt!" Oder: „Sie sind unverschämt!" Antwort: „Das hat mir auch schon unser Vorstand xy gesagt – unverschämt gut."

3. Übertreibung
   Beispiel: „Wir können alles – nur nicht Hochdeutsch." Sie können sich sicher an diese freche Werbung des Landes Baden-Württemberg erinnern, ausgedacht bei der Werbeagentur Scholz & Friends. Durch Übertreibung ins Lächerliche ziehen ist eine häufig sehr wirkungsvolle Technik. Beispiel: Die Kollegin soll Ihnen einen Kaffee mitbringen. Sie sagt: „Wie heißt das Wort mit den zwei T?" Sie sagen dreist: „Flott." Oder: „Für diese geniale Bemerkung würde ich Ihnen gerne die Füße küssen!"

4. Absichtliches Missverstehen
   Beispiel: „Kommen Sie noch mit?" Antwort: „Wohin?" Oder: „Sie lassen mich nie ausreden." Antwort: „Cool – Sie wollen einen ausgeben."

5. Gegenangriff
   Beispiel: „Ihr Vorschlag ist Mist!" Antwort: „Oh, ich habe mich wohl aus Versehen von Ihnen anstecken lassen."

6. Volle Zustimmung
   Beispiel: „Stimmt genau!", „Endlich erkennt das jemand.",
   „Gratulation." Oder Gang-nach-Canossa-Taktik: „Ich ver-
   stehe Ihre Enttäuschung. Tut mir leid, ich werde nächstes
   Mal pünktlich erscheinen."

7. Nachfrage
   Beispiel: „Das sollten Sie aber besser beherrschen!" Antwort: „Was genau verstehen Sie unter beherrschen?"

8. Recherche
   Beispiel: „Was haben Sie sich dabei gedacht?" Antwort: „Ich
   werde mich exakt über die Details informieren. Sie haben
   sicher Verständnis, dass ich mich erst dann wieder dazu
   äußere."

9. Wenn Ihnen gar nichts mehr einfällt: Entweder auf Durchzug
   stellen und gar nicht reagieren oder Formulierungen wie „Soso"
   oder „Hört, hört" oder „Wow" oder „Sie sind eine echte
   Stimmungskanone". Oder: „Das ist ihre isolierte Meinung."

10. Überlegen Sie, ob weiche oder harte Schlagfertigkeitstechni-
    ken angebracht sind. Mit harten Techniken (z. B. Punkt 5)
    eskalieren Sie, mit weichen deeskalieren Sie normalerweise.

! Denken Sie bei aller flott-frechen Schlagfertigkeit an die Gürtellinie, die Grenze des guten Geschmacks. „Der Erfinder der Teflon-Pfanne ist gestorben. Hat mich sehr gewundert. Sein Slogan war doch: Teflon – nie wieder abkratzen." Einen solchen Satz darf nur Harald „Dirty Harry" Schmidt sagen oder jemand mit absoluter Narrenfreiheit. Halten Sie es mit Mark Twain und seien Sie auf intelligent-höfliche Weise schlagfertig: „Freundlichkeit ist eine Sprache, die der Blinde lesen und der Taube hören kann." Wie viel Schaden ein einziges Wort anrichten kann, hat Hilmar Kopper, der frühere Deutsche Bank-Chef, bewiesen: „Peanuts" – für 50 Millionen DM Handwerkerrechnungen. Dieses zum Unwort des Jahres 1994 avancierte Wort bezeichnet Kopper übrigens selbst als seinen größten Fauxpas.

 Werden auch Sie zum Verbalakrobaten: So und jetzt sollten Sie einfach drei typische Situationen/Sprüche in Ihrem Job proaktiv durchspielen:

Der andere sagt:	Meine Reaktion:

Trainieren Sie Ihre Schlagfertigkeit: Überlegen Sie sich Situationen, die bei Ihnen immer wiederkehren, und komponieren Sie vorher mögliche Antworten. Das gibt Ihnen mehr Sicherheit. Und beachten Sie: Auch die besten Wortkünstler sind gelegentlich sprachlos. Übrigens, manche Wortkünstler agieren auch gerne mit Fremdwörtern (Termini), täuschen damit Wissen in unserer Bluff-Gesellschaft vor. Lassen Sie sich nicht täuschen und fragen Sie einfach mal ganz freundlich nach, was der Redner denn speziell darunter versteht.

Baustein 6: Selbstmarketing

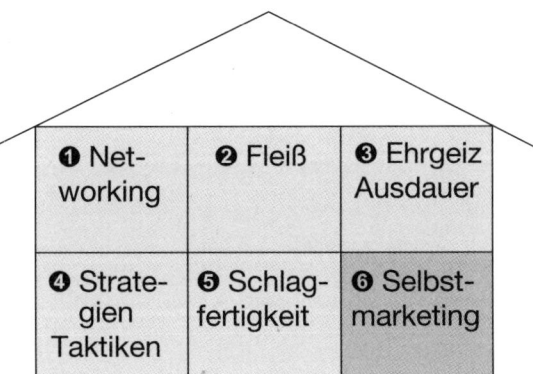

Wie verkaufe ich mich und meine Arbeit besser? (Selbstmarketing)

Wir leben in der Bluff-Gesellschaft. Das physikalische Gesetz ist ganz einfach: Wer nicht trommelt, wird nicht gehört. Wer zu leise trommelt, wird überhört. Wer zu laut trommelt, sorgt für Misstöne. Was heißt das konkret im Berufsleben?

Wer zu leise trommelt, wird überhört

Gut im Geschäft sind meist die „Darsteller", also nicht zwangsläufig die, die etwas besonders gut können, sondern die, die sich gut vermarkten. Intuition und Verstand sollten sich dabei ergänzen. Denn: „Starker Intellekt lässt den Instinkt verkümmern", sagte schon Oswald Spengler. Das Ziel des Selbstmarketing lautet: Zeigen Sie sich und anderen, wie wichtig Ihr Anteil am Unternehmenserfolg ist. Bleiben Sie auch flexibel, d. h. offen für einen Wohnortwechsel.

Exkurs: Wissenschaft und Kommunikation

❏ Ausgangspunkt: Sprachtheorie des Wiener Psychologen Karl Bühler, der in den 1930-er Jahren drei Funktionen der Sprache herausgefunden hat: Ausdruck (z. B. Freude, Wut, Träume etc.), Darstellung (Sachverhalt) und Appell (Wirkung auf Empfänger).

❏ Watzlawick: Fünf Axiome der Kommunikation (die beiden bekanntesten: Sach-/Beziehungsebene und „Man kann *nicht* nicht kommunizieren")

❏ Friedemann Schulz von Thun: Nachrichtenquadrat, vier Ohren: Sachinhalt, Beziehungsaspekt, Selbstauskunft und Appell. Fazit: Jeder filtert Information und hört bestimmte Komponenten. Merke: Jede (!) Sachinformation beinhaltet auch immer eine Beziehungskomponente. Daraus resultiert der Großteil der Missverständnisse. Und: Die Macht unserer

Gefühle ist viel stärker als unser Verstand. Die Verhaltensforschung geht davon aus, dass mehr als 90 Prozent unserer Entscheidungen emotional getroffen werden.

❏ Verständliche und erfolgreiche Kommunikation beruht auf diesen Faktoren (vgl. Schulz von Thun):

(1) *Kürze und Prägnanz*: Sorgen Sie für überschaubare Botschaften.

(2) *Gliederung und Ordnung*: Strukturieren Sie.

(3) *Einfachheit*: Drücken Sie sich einfach aus.

(4) *Anregende Zusätze*: Unterstreichen Sie das zu Sagende nonverbal (Körpersprache) und benutzen Sie assoziative Bilder.

Beispiele: 10 Gebote [(1), (2), (3)], Psalm 23 [(1), (3), (4)] ...

❏ H. Paul Grice (1967) und die Prinzipien eines kooperativen Gesprächs:

(1) Quantitätsprinzip

Sage so viel, wie nötig ist. Rede aber nicht zu viel.

(2) Qualitätsprinzip

Keine Märchen erzählen: Nichts erzählen, wovon du glaubst, dass es unwahr ist.

(3) Relevanzprinzip

Beim Wesentlichen bleiben.

(4) Ausdrucksprinzip

Klar und deutlich sprechen. Kurz fassen und Sätze nachvollziehbar ordnen.

Das K8-Marketing

Dieses K8-Marketing soll Ihnen helfen, sich besser zu „bilanzieren" (Soll und Haben) und beruhend auf dieser Situationsanalyse weitere Schritte zu entwickeln. Das Modell bedient sich dabei eines Marketing-Management-Prozesses, der klassisch Planung, Organisation und Kontrolle umfasst. Zunächst im Überblick das K8-Modell, das Ihnen konkret bei der Analyse und Planung des Selbstmarketing nützlich sein wird. Anschließend werden pro Station drei hilfreiche Leitfragen gestellt. Wenn Sie die acht Stationen durchhaben, heißt's nur noch: Let's go! Starten Sie!

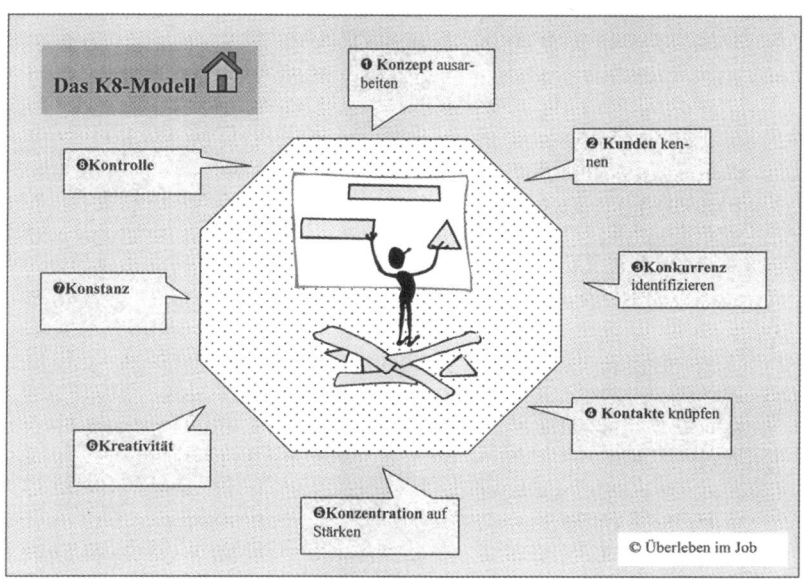

Die Schritte im Einzelnen (mit jeweils drei zentralen Leitfragen – bitte ergänzen Sie jeweils für Sie weitere wichtige Fragen):

1. **Konzept ausarbeiten**: Planen Sie Ihren Erfolg!
   ❏ Wo liegen meine Stärken und Schwächen?

   ....

   ....

   ❏ Welche persönlichen Ziele habe ich a) in diesem Jahr und b) für die nächsten 5 Jahre?

   ....

   ....

❏ Wie positioniere ich mich im „Unternehmensmarkt?"
(im Referat, in der Abteilung …)

....

....

2. **Kunden kennen**: Zielgruppe herausfinden!
❏ Wer ist die für meine Ziele relevante Zielgruppe?

....

....

❏ Ist es mein/e direkte/r Chef/in oder dessen Vorgesetzte/r?

....

....

❏ Wer könnte der für meine Karriere bzw. für mein
Berufsziel relevante Förderer sein?

....

....

....

3. **Konkurrenz identifizieren**: Konkurrenten und Unterstützerkreis lokalisieren!
❏ Wer sind meine „Freunde" und „Gegner" – und in
welchen Punkten?

....

....

❏ Was können die anderen besser/schlechter?

....

....

....

❏ Wie kann ich mich positiv von anderen abheben? (Dürften gewöhnlich Ihre besonderen Stärken sein)

....

....

4. **Kontakte knüpfen**: Das ist Networking pur!
   ❏ Wie kann ich meine Leistungen für andere sichtbar machen?

....

....

❏ Wie kann ich von anderen profitieren – und diese von mir?

....

....

❏ Mit wem sollte ich mich im kommenden halben Jahr treffen? (Aufschreiben! Terminieren!)

....

....

5. **Konzentration auf Stärken**: Sie müssen nicht alles können. Aber Sie müssen Ihr Alleinstellungsmerkmal kennen: Das kann nur ich oder ich am besten (auch USP genannt: Unique Selling Proposition)!
   ❏ Kenne ich meinen USP (z. B. Allrounder oder Experte bei …)?

....

....

❏ Was kann ich besser als andere?

....

....

....

❏ Was kann nur ich?

....

....

6. **Kreativität**: Kreieren Sie eigene Ideen!
   ❏ Wie kann ich meine Ziele am besten erreichen?

....

....

❏ Bin ich offen für neue Ideen bzw. entwickle ich selbst neue „Ich"-Vermarktungsstrategien?

....

....

❏ Bilde ich mich weiter?

....

....

7. **Konstanz**: Haben Sie Geduld und Ausdauer!
   ❏ Kann ich auch mit Kritik, Gegenwind und Neins leben?

....

....

❏ Kann ich hartnäckig ein Ziel verfolgen?

....

....

❏ Kann ich aus einer Niederlage lernen und etwas Positives – und wenn es nur etwas Kleines ist – erkennen?

....

....

8. **Kontrolle**: Überprüfen Sie regelmäßig! Führen Sie ein Erfolgsbuch (Poesiealbum des Erfolgs). Gerade auch kleinere Erfolge werden sonst schnell vergessen. Außerdem motiviert Sie das in Krisen oder Stillstandsphasen.

❏ Treffen die Annahmen der ersten 7 Ks noch zu?

....

....

❏ Welches der 7 Ks ist besonders wichtig, welches unwichtig? (Priorisieren Sie! Wenn alle Ks gleich wichtig sind, ist wahrscheinlich keines wichtig!) Muss ich neu priorisieren?

....

....

❏ Warum gab es Rückschläge oder Stillstand oder Erfolge? Welche Taktik/Strategie hat funktioniert, welche nicht? Lernen Sie daraus.

....

....

Und jetzt kommt an dieser Stelle noch eine weitere persönliche Anpassung des Modells:

Gibt es eine wichtige Dimension, die für Sie persönlich ebenfalls ganz wichtig ist – z. B. Konflikt/Kritik: Wie gehen Sie mit Gegenwind um?

Weiterführende Informationen

Bücher:

Asgodom, Sabine: *Eigenlob stimmt*, Econ 2003
Berckhan, Barbara: *Die etwas intelligentere Art, sich gegen dumme Sprüche zu wehren*, Heyne 2001
Bredemeier, Karsten: *Nie wieder sprachlos!*, mvgVerlag 2003
Bredemeier, Karsten: *Provokative Rhetorik? Schlagfertigkeit!*, Goldmann 2000
Thiele, Albert: *Argumentieren unter Stress*, Frankfurter Allgemeine Buch 2004
Thiele, Albert: *Die Kunst zu überzeugen*, Springer 2002

10 Networking

Mit dem elektronischen Netz die Karriere flechten

„Einst lebten wir auf dem Land, dann in Städten und von jetzt an im Netz."
Mark Zuckerberg (*1984)

„Je höher entwickelt die Technologie, umso höher auch das Kontaktbedürfnis."
John Naisbitt (*1929)

Auf diese Fragen werden Sie Antworten bekommen:

❑ Lassen sich über XING & Co. Karrieren beschleunigen?
❑ Wie kann ich die elektronischen Riesen sinnvoll beruflich nutzen?
❑ Was gibt es an nützlichen Tipps für den persönlichen Einsatz?
❑ Wie gefährlich sind XING & Co.?
❑ Welche haarsträubenden Pannen gibt es?

Auch wenn der Facebook-Börsengang in den Augen vieler Kleinaktionäre schiefgegangen ist und bereits Schadensersatz gefordert wird, lässt sich nicht leugnen: Das soziale Netzwerk hat weltweit einen unbeschreiblichen Siegeszug hingelegt, erfreut sich größter Beliebtheit und hat bald so viele Mitglieder wie China Einwohner. Nicht ohne Grund hat selbst das führende deutsche Nachrichtenmagazin aus dem hohen Norden Facebook sogar eine Titelgeschichte gewidmet.

Soziale Netzwerke

Es ist kaum zu glauben: Noch vor wenigen Jahren waren Facebook, LinkedIn und XING (kurz FLX) völlig unbekannte Größen in der elektronischen Galaxie. Gerade einmal Google machte sich auf den Weg, der Leitstern im Weltall zu werden. Mittlerweile ist jeder, der etwas auf sich hält oder schlechterdings Kontakt halten möchte, Teil dieser allgegenwärtigen FLX-Sternenwelt.

Die spannende Frage lautet natürlich, inwieweit diese Angebote – insbesondere die beiden berufsnahen Plattformen XING (eher deutschsprachiger Raum) und LinkedIn (international) – eine echte Karriereplattform sind. Werde ich darüber gefunden und – salopp ausgedrückt – vom Tellerwäscher zum Hoteldirektor befördert?

Eins ist klar, diese Plattformen bringen eine hohe Transparenz in die Berufswelt. Recruiter, ob Personaler oder Headhunter, suchen oft als Erstes hier nach potenziellen Kandidaten. Schließlich haben Sie eine riesengroße, stets aktuelle und wachsende Datenbank, die regelrecht zum Fischen einlädt. Mit den entsprechenden Filtern und Stichwörtern lässt sich treffsicher suchen. Mit anderen Worten: Noch nie war es so einfach, gefunden zu werden wie heute. Eine nicht repräsentative, dennoch aussagekräftige Studie der Hochschule München unter 50 Personalberatern bestätigt dieses Bild: 86 Prozent aller Personalberater führen OnlineRecherchen über Bewerber durch. Selbstverständlich schaut jeder Profi auch bei XING vorbei.

Online-Recherchen der Personaler

Deshalb sollte eigentlich jeder, der beruflich noch nicht an der Fahnenstange angekommen ist (nahende Rente oder Topmanagement), „xingen" oder „LinkedIngen". Auch wenn er gar nicht aktuell plant, den Arbeitgeber zu wechseln. Den Marktwert und Headhunter zu kennen, ist ja immer ganz reizvoll. Und für das eigene Ego ist es ja auch ein Schmeichler, wenn man von einem qualifizierten Headhunter angesprochen wird. Im Fachjargon wird im Zusammenhang mit Business-Plattformen deshalb gerne von aktivem Reputationsmanagement gesprochen. Immerhin 62 Prozent der befragten Headhunter haben in der besagten Studie der Hochschule München angegeben, dass sich eine gute Online-Reputation der Bewerber positiv auf deren Karrierechancen auswirke.

Und umgekehrt: Der Großteil der Personalberater habe Kandidaten schon wegen ihres Auftritts im Internet abgelehnt, so die Studie. Die häufigsten Ursachen für das Ablehnen von Bewerbern seien unpassende Kommentare oder Fotos, Bedenken bezüglich des Lebensstils und Falschangaben in der Bewerbung. Insbesondere Führungskräfte, High Potentials, Young Professionals und Angestellte mit großer Außenwirkung (z.B. im Vertrieb) müssen laut Studie damit rechnen, dass vorab im Internet über sie recherchiert wird. Und der Stellenwert wird weiter zunehmen: 94 Prozent der Personalberater gaben an, dass die Bedeutung der Online-Reputation in Zukunft zunehmen wird.

Das KarriereNetzwerk XING hat laut den Ergebnissen der Studie in Deutschland einen sehr hohen Stellenwert für Personalberater. Heutzutage als Bewerber kein Profil auf XING zu besitzen, hinterlasse bei Personalberatern einen schlechten Eindruck, so Thomas Peisl, Studienleiter und BWL-Professor für Unternehmensführung an der Hochschule München. FXL sind heute Karriere-Katalysatoren, die richtigen Beziehungen eine Rutschbahn nach oben. Mehr als 70.000 Personalmanager nutzen alleine XING zum Recruiting. Gute Leute lesen keine Stellenanzeigen mehr – die Jobangebote kommen zu ihnen. Doch wie kann ich mit Hilfe von XING & Co. die Karriereleiter erklimmen?

Online-Reputation

Wie kann ich die elektronischen Riesen sinnvoll beruflich nutzen?

Wir setzen nämlich voraus, dass Sie ein solches Netzwerk beruflich-professionell nutzen und nicht nur rein privat – etwa als sich selbst aktualisierendes Telefonbuch für Freunde und Bekannte. Zwar ziemlich praktisch, aber bei weitem unter Wert ausgenutzt. Ein großer Vorteil von Plattformen wie XING oder LinkedIn ist, dass man sich damit auf dem Arbeitsmarkt anbieten kann, ohne gezielt nach einer Stelle zu suchen. Premium-Nutzer können unbegrenzt Nachrichten schreiben und viele Suchmöglichkeiten nutzen, die einem Basisaccount verschlossen sind. Eine XING-Applikation wie die Twittersuche („Twitter Buzz") beispielsweise informiert umgehend, wenn über das eigene Unternehmen getwittert wurde. Wenn Sie erste Erfahrungen sammeln wollen, dann steigen Sie in das kostenlose Basispaket ein. Aufrüsten können Sie jederzeit – permanent werden Sie darauf z.B. von XING hingewiesen und mit Sonderangeboten angelockt. Untersuchungen belegen, dass sich Premium-User sehr regelmäßig einloggen und XING intensiver nutzen.

Jobangebote Idealtypisch kommen Joboferten entweder über die vorhandenen Kontakte, indem jemand ein Stellenangebot bekommt, daran aber kein Interesse hat und dieses seiner Kontakt-Community zur Verfügung stellt. Manche stellen auch Jobangebote Ihres Arbeitgebers online. Schließlich ist es ja auch schön, wenn bekannte, sympathische Menschen ins Unternehmen wechseln. Der häufigste Weg ist aber, dass Personaler beziehungsweise Headhunter an einen herantreten. Denn wer bereits eine passable Stelle mit entsprechender Berufserfahrung hat, könnte bei einem besseren Angebot vielleicht schwach werden und den Arbeitgeber wechseln.

Aber nicht nur Führungskräfte und langjährige Berufserfahrene haben die Personaler auf ihrem Radar. Hochschulabsolventen und Mitarbeiter mit mindestens zwei oder drei Jahren Berufs-erfahrung sind interessant. Viele HR-Abteilungen haben wenig Zeit und lagern die zeitintensive Kandidatensuche an Personal-berater aus. Diese durchkämmen nicht nur die Business-Netz-werke, sondern klassische Jobbörsen wie Stepstone oder Mons-ter. Solche Datenbanken haben allerdings einen gravierenden Nachteil: Wer sich einträgt, signalisiert (auch seinem aktuellen Arbeitgeber) unmissverständlich, dass er einen neuen Job will. Bei XING & Co. stehen das Knüpfen und die Pflege von Kontakten im Vordergrund. Die Jobsuche ist dort also nur ein, wenn auch nicht unwesentlicher Aspekt. Das führt zu einer deutlich lockeren Atmosphäre. Außerdem sieht der Recruiter sofort, welche Kontakte die Kandidaten haben. Das kann in der Auto- oder Medienbranche oder in Bereichen wie Einkauf oder Vertrieb eine wertvolle Information sein. Passgenauigkeit bei der Personalakquise lautet das Zauberwort.

Wer in der Ergebnisliste analog zu Google oben auftaucht, hat bessere Chancen auf einen neuen Job. Ganz oben landet der, bei dem die relevanten Suchbegriffe am häufigsten im Profil auf-tauchen. Deshalb gibt es mittlerweile auch eigens Seminare bei XING für Profiloptimierer. Grundsätzlich gilt: Viele Personaler bevorzugen ausführliche Profile. Man sollte aus seinem Herzen also keine Mördergrube machen. Aber bitte auch nicht jedes Zipperlein und jedes Detail offenlegen. Die Regel lautet: Was würde ich auch in einem Bewerbungsgespräch maximal von mir preisgeben. Grundsätzlich gilt: Wer im Internet nach Fach- und Führungskräften sucht, interessiert sich für fachliche Kompe-tenzen und konkrete Erfahrungen sowie Erfolge im bisherigen Berufsleben.

Selbstredend sollte man in der Rubrik „Ich suche" nicht un-bedingt „einen neuen Job" schreiben. Auch „nette Kontakte" ist zur Floskel verkommen. Schauen Sie doch einfach mal verschie-dene Beispiele online an – und Sie spüren ziemlich schnell, was sie anspricht und was sie langweilt. Bei „Interessen" mit Netz-werken zu kommen, wäre auch nicht besonders geschickt. Suchen Sie etwas Skurriles – vielleicht aus Ihrem Hobby-Bereich

Online-Profil

und der Headhunter hat gleich noch einen Gesprächsanker beim nächsten Telefonat. Jeder Recruiter weiß, dass wer sich auf XING & Co. tummelt, grundsätzlich für Angebote offen ist. Vielleicht nicht heute, aber vielleicht später. „Suche neue Herausforderungen" schreiben Hunderttausende Mitglieder in ihr Profil. Da die Wechselbereitschaft in wirtschaftlich guten Zeiten stark wächst, taucht das Wort mindestens in jedem zweiten Profil auf. Und Headhunter lieben die Kombination aus „Herausforderungen" und einer Angabe wie „Java-Entwickler" – so lokalisieren sie Wechselwillige schneller.

Ein weiterer Karrierevorteil von XING & Co: Gerade auch in den Communities lassen sich Schwarmintelligenz und die Kraft der Gruppe nutzen und dadurch gemeinsame Interessen besser verfechten. Hillary Clinton ist beispielsweise eine prominente Vertreterin dieser Sichtweise: „Wir können keine starken Demokratien aufbauen, ohne regionale und überregionale Frauen-Netzwerke zu schaffen, die uns überhaupt erst ermöglichen wesentliche Fortschritte zu erzielen." Und elektronisch wird so die Welt zum globalen Dorf. Allein bei XING gibt es rund 50.000 Diskussionsforen und Gruppen – öffentliche, aber auch geschlossene für eine handverlesene Zielgruppe.

Und fröhlich zwitschern die Vögel

Die Networking-Familie wäre unvollständig, würde man nicht auch noch kurz auf Twitter, den mächtigsten Feedbackkanal des heutigen Internets, eingehen. Bei Twitter (engl. Gezwitscher) handelt es sich laut Wikipedia um eine digitale Echtzeit-Anwendung zum Mikroblogging – also zur Verbreitung von telegrammartigen Kurznachrichten ähnlich der Form eines Schneeballsystems. Twitter wird zudem als Kommunikationsplattform, soziales Netzwerk oder ein meist öffentlich einsehbares Online-Tagebuch definiert. Das Medium dient insbesondere dem Aus-

tausch von Informationen, Gedanken und Erfahrungen. Privat-
personen, Organisationen, Unternehmen und Massenmedien
nutzen Twitter als Plattform zur Verbreitung von kurzen Text-
nachrichten im Internet. Diese sogenannten Tweets dürfen
maximal 140 Zeichen aufweisen. Personaler können über Inhalte, Häufigkeit und Anzahl der Tweets und deren Follower unter
anderem Trends und Meinungsführer ausmachen. Und sich so
neben Blogs und FLX-Auftritten ein differenziertes Bild von
dem möglichen Kandidaten machen.

Manche zwitschern sich gleich um Kopf und Kragen. Die
schlimmsten Fälle schaffen es sogar in die klassischen
(Print-)Medien: Connor Riley verlor ihren Job, bevor es
überhaupt richtig losging. Der Technologie-Riese Cisco hatte
ihr einen Job angeboten, auf Twitter schrieb sie dazu: „Cisco
hat mir gerade einen Job angeboten. Jetzt muss ich abwägen
zwischen einem fetten Gehaltscheck und einem Job, den ich
hassen werde." Pech für Riley: Ein Cisco-Mitarbeiter sah
ihren Eintrag – das Unternehmen nahm ihr die Entscheidung
ab.
Noch eine Kostprobe: Scott Bartosiewicz kannte sich mit
Twitter eigentlich gut aus, schließlich arbeitete er als Social
Media Strategist für eine große US-Marketingfirma, die sich
auf neue Medien spezialisiert hat. Trotzdem passierte ihm ein
peinlicher Fehler: Er dachte, er wäre in seinen privaten
Account eingeloggt und schrieb: „Es ist schon merkwürdig,
dass Detroit als Autostadt bekannt ist und trotzdem niemand
weiß, wie man verdammt nochmal Auto fährt." Tatsächlich
hatte er jedoch vom Account eines wichtigen Firmenkunden
getwittert – dem Autoriesen Chrysler. Bartosiewicz wurde
gefeuert, Chrysler verlängerte den Vertrag mit der Marketing-
firma nicht.

Auch auf Facebook häufen sich die peinlichen Fälle. Drei schnelle Beispiele, die durch alle Gazetten gegangen ist: SPD-Politiker Daniel Rousta, Ministerialdirektor in Baden-Württemberg, beschimpfte auf Facebook die Liberalen als „FDPisser". Er wurde entlassen. Hessens Innenminister Boris Rhein stellte auf Facebook einem bekannten Neonazi eine Freundschaftsanfrage – und musste sich entschuldigen. Sekretärin Melanie tippte auf ihrer Facebook-Seite: „Ich hasse meinen Job. Und mein Boss ist ein A …". Der postete daraufhin: „Hast wohl vergessen, dass ich auch bei Facebook bin." Und der weitere Berufsweg trennte sich …

Peinliche Fälle

Es gibt immer wieder Menschen, die ihre Gemütslange ungefiltert bei Facebook mitteilen. Wenn dann Kollegen, Vorgesetzte oder Geschäftspartner aus anderen Unternehmen zu den Facebook-Freunden gehören, wird es eng. Ist das Profil öffentlich, liest vielleicht sogar das ganze Internet mit. Eine beleidigende Bemerkung über die eigene Firma wird somit öffentlich plakatiert. Das Recht auf eine freie Meinungsäußerung greift nicht mehr, weil jeder Mitarbeiter eine sogenannte Loyalitätspflicht hat. Sprich, der Arbeitgeber darf in der Öffentlichkeit weder herabgesetzt noch bloßgestellt werden. Schmähkritik und Beleidigungen müssen sowieso nicht akzeptiert werden. Die außerordentliche Kündigung kommt dann schnell ums Eck. Deshalb der Ratschlag: keine öffentlichen Beichten in Form von Postings zum eigenen Arbeitsplatz.

Es ist absolut dumm, auf Facebook oder andernorts über das eigene Unternehmen oder Kollegen herzuziehen. Bedenken Sie auch, dass einen solchen Nörgler mit Sicherheit kein Headhunter suchen wird. Wer will einen solchen Menschen im Team als Chef oder Mitarbeiter haben? Niemand! Tabu sind alle makabren Witze, Abfälliges über Chef und Kollegen, Interna aus dem Unternehmen oder politisch völlig unkorrekte Sprüche zu Homosexualität, Ausländern oder Krankheiten.

Headhunter

So kommen wir an dieser Stelle nun zu der kleinen Übersicht mit praktischen Vorschlägen und Verhaltensregeln für den interessierten Nutzer. Damit das soziale Netzwerk zu Ihrer ansprechenden Visitenkarte wird.

12 nützliche Tipps im FLX-Umgang (Facebook, LinkedIn, XING)

1. **Nur wer regelmäßig „drin" ist, wird aktiv wahrgenommen** – auch von Headhuntern. Nichts ist peinlicher, wenn man auf Botschaften von Freunden oder Headhuntern erst Wochen oder gar Monate später reagiert.

2. **Halten Sie Ihr Profil aktuell.** So ist jeder Ihrer Kontakte sofort auf dem Laufenden, wenn Sie sich beruflich verändern oder sonst etwas Erfolgreiches auf die Beine gestellt haben. Und es entsteht von Ihnen nicht der Eindruck einer Karteileiche.

3. **Foto & Co.** Um es auf den Punkt zu bringen: Das Foto sollte die Qualität eines Bewerbungsfotos haben. Wer sympathisch dabei lächelt, kommt Untersuchungen zufolge am besten weg. Bei allen auszufüllenden Rubriken wird in der Szene ein Cocktail aus Originalität und Infogehalt am meisten geschätzt. Heißt: Es darf kreativ sein, sollte aber auch zu einem passen. Heißt: Ein Controller muss sich nicht originell mit schmissigen Werbesprüchen präsentieren oder sich beim Wortdrechseln verlieren. Umgekehrt würde ein Art Director mit einer banalen aufsatzähnlichen Aufzählung in der Gilde sicher nicht groß punkten können. Kurz: Alles Besondere oder Außergewöhnliche, was neugierig macht, zum Verweilen einlädt und Interesse an der Person weckt, wird entsprechend gerne gelesen und goutiert. Im Kampf um Aufmerksamkeit im Zeitalter der Superlative sticht man so aus dem Einheitsbrei heraus.

4. **Nicht jedermanns Freund sein.** Widerstehen Sie der menschlichen Eitelkeit, jede Kontaktanfrage anzunehmen. Man muss nicht mit jedem gut Freund sein. Kontakte nach oben sind besser als Kontakte nach unten. Gerade auch bei flüchtigen Bekanntschaften sollte man eine gewisse Sorgfalt walten lassen, damit man nicht plötzlich mit einer extremistischen

Nützliche Tipps

Gruppe „verlinkt" ist. Schmeißen Sie zweifelhafte Kontakte raus – oder akzeptieren Sie diese erst gar nicht. Dasselbe gilt für Gruppenmitgliedschaften.

5. **Kleidung macht den Meister.** Immer wieder gibt es im Netz und bei Facebook – weniger bei LinkedIn und XING – Wort-Exhibitionisten, die alles und jedes mitteilen. Von sich und anderen. Was sie gerade essen, wie viele Lagen das Klopapier hat und andere feuchtterritoriale Themen. Nicht nur unter Karriereaspekten empfehlen sich diese Kontakte für die meisten in aller Regel nicht.

6. **Sie sind öffentlich.** Auch wenn Sie bestimmte Angaben nur Ihrem Freundeskreis öffnen, müssen Sie sich dessen bewusst sein, dass Ihr Profil jedoch der Öffentlichkeit vorliegt. Sie sind plötzlich transparent, ob Sie dies wollen oder nicht. Plötzlich kann auch Ihr Chef oder Ihre Mitarbeiter mehr über Sie erfahren. Vielleicht schauen einfach auch mal Kollegen, Kunden, Dienstleister oder die beruflichen „Kopfjäger" vorbei. Oberstes Gebot: Bitte keine Beleidigungen – schon gar nicht den aktuellen Arbeitgeber bzw. Kollegen in irgendeiner Art und Weise in Misskredit bringen. Eine zerbissene Zunge ist besser als der Platz unter der Brücke.

7. **Usancen kennenlernen.** Wer neu auf einer Plattform, in einer Gruppe oder wo auch immer ist, sollte erst einmal die Gepflogenheiten kennenlernen, bevor er auf das Wildeste schreibt, kommentiert und klickt. Zuhören ist King. Schreiben ist Silber, Schweigen ist Gold. Eine respektvolle Kontaktaufnahme ist meist besser als eine raketenhafte Spring-ins-Feld-Strategie.

8. **Bringen Sie Ihr Expertenwissen ein.** Wer gezielt seine Expertise platziert, auf einen guten Artikel oder eine hilfreiche Website oder – immer beliebter – ein unterhaltendes Youtube-Filmchen hinweist, kann im Freundeskreis bzw. seinem Kontaktnetzwerk mächtig punkten. In trüben Bürosituationen oder zum Stressabbau sind ein bis zwei Filmchen oder Werbeclips eine beliebte Abwechslung. Bei „LinkedIn Answers" zum Beispiel kann man Fragen stellen und Antworten geben.

9. **Schauen Sie sich gezielt nach neuen Kontakten um.** Wer nicht wagt, gewinnt auch nicht. Vielleicht angeln Sie sich einen beruflichen Hochkaräter. Warum nicht auch gezielt bei Headhuntern oder anderen Karriere-Raketen anklopfen und als neuen Kontakt gewinnen. Überlegen Sie sich, welche XING-Gruppen für Sie wirklich in Frage kommen. Für diese gilt dasselbe wie für Ihre Kontakte. Indirekt drücken Sie nämlich aus, wofür Sie sich interessieren und engagieren. Und bitte bedenken Sie bei allen Kontaktanfragen, die Sie stellen oder an Sie gerichtet werden, es geht um die Qualität Ihrer Kontakte, nicht um die Quantität. Ein Headhunter spürt genau, mit wem Sie auf Augenhöhe sind.

10. **Basis- oder Premiummitglied.** Dafür gibt es keine generelle Empfehlung. Wer die paar Euro im Monat erübrigen kann oder sich beruflich verändern möchte, sollte aufrüsten und einen Premiumaccount haben. So verfügt er einfach über weitere sinnvolle Features und sieht beispielsweise bei XING, wer alles seine Seite besucht hat. Ansonsten reicht für den Einstieg auch die kostenlose Basislösung. Lassen Sie sich dann auch nicht von regelmäßigen Werbe-E-Mails des Dienstleisters beeindrucken, dass x-Tausend Headhunter und andere angeblich paradiesische Services auf Sie warten.

Premiummitglied

11. **Web-Verlinkung.** Der nachfolgende Tipp stammt von karrierebibel.de: Suchmaschinen listen nach Bedeutung. Je mehr Links auf Ihre Webseiten verweisen, desto höher rangieren Sie in den Trefferlisten. Außerdem ist der Platz zur Selbstdarstellung auf sozialen Netzwerk-Plattformen begrenzt. Zeigen Sie an anderen Stellen im Web, was Sie können. Etwa, wie Sie mit Lesern Ihres Blogs kommunizieren, welche Webseiten Sie auf Twitter empfehlen oder welche Bücher Sie bei Amazon schon gelesen und rezensiert haben.

12. **Twitschern.** Twittern ist auch Geschmackssache. Wer nicht permanent sich mitteilen oder mitgeteilt werden möchte, sollte hier einfach fasten. Ansonsten ist der Nerv- und Quengel-Faktor sehr hoch auf der Richter-Skala.

Nicht alles ist Gold, was glänzt

Soziale Netzwerke gelten oft als Goldadern für Informationen und die Nutzerprofile sind bisweilen sehr detailliert. Eine attraktive Währung also. Deshalb sorgen immer wieder Datenschutzpannen für Furore im Netz. Da werden Hunderttausende Passwörter geklaut, Informationen weiterverkauft oder Accounts mit Spams, also unerwünschter Werbung überzogen. Datenschützer bemängeln, dass Teilnehmer in Unkenntnis der Schutzeinstellungsmöglichkeiten ihre eigenen Kontaktbeziehungen ungeschützt der breiten Öffentlichkeit preisgeben. Auch Twitter sammelt personenbezogene Daten seiner Benutzer und teilt sie Dritten mit. Twitter sieht diese Informationen als einen Aktivposten und behält sich das Recht vor, sie zu verkaufen.

Personenbezogene Daten

Was für den einen noch nützlich ist, geht für den anderen zu weit: Beiträge von Nutzern in Gruppen, deren Sichtbarkeit nicht auf Gruppenmitglieder oder andere XING-Mitglieder beschränkt ist, werden in den Suchmaschinen gelistet, wenn das Mitglied sein Profil für Suchmaschinen und RSS-Feeds freigegeben hat. Allerdings gibt es im Internet eine Reihe von Webseiten, die Nutzern Hilfen und Ratschläge geben, damit sie die Kontrolle über Ihre persönlichen Daten behalten.

Auch Extremfälle werden gerne berichtet, dass jemand die Identität eines anderen annimmt und anschließend sein Unwesen treibt. Das muss einerseits sehr ernst genommen werden, andererseits setzt es den überwiegenden sinnvollen Gebrauch der sozialen Netzwerke nicht außer Kraft. Wer nicht zu freizügig mit seinen Informationen ist und sein Herz nicht auf der Zunge trägt, kann guten Gewissens aktiv sein. Und für alle sozialen Netzwerke gilt: Belästigungen und anstößige Inhalte sollte man keinesfalls hinnehmen, sondern über die verfügbaren Templates melden.

Die geballte Entrüstungskraft des Netzes hat außerdem selbstkontrollierende Wirkungsmacht: Nur knapp 24 Stunden benötigte der geballte Widerstand aus Medien, Politik und Datenschützern, vor allem aber Facebook- und Twitter-Usern, um einen eklatanten Angriff auf den Datenschutz zu verhindern. Ziel der Empörungswelle war ein geplantes Forschungsprojekt der Auskunftei Schufa und des Hasso-Plattner-Instituts der Universität Potsdam, das die Zukunft der Datengewinnung im Internet sondieren sollte. Das Ansinnen, die Kreditwürdigkeit von Bürgern in Zukunft auch anhand von Informationen von FXL & Co. zu beurteilen, kippte jedoch, bevor es je begann. Die Uni Potsdam kündigte den Vertrag mit der Schufa. Der öffentliche Druck war zu groß geworden.

Zusammenfassend lässt sich somit sagen, dass in den Medien und in der Szene immer wieder von Datenschutz- und Sicherheitsproblemen wie geklauten Passwörtern berichtet wird. Das ist äußerst ärgerlich, stellt aber die grundsätzliche Sinnhaftigkeit von FXL nicht in Frage. Allerdings erfordert die Verwendung halt einen entsprechend sorgfältigen Umgang bei der eigenen Passwort-Verwaltung sowie der Offenherzigkeit an persönlichen Angaben. Dann muss man es auch nicht Bundesverbraucherschutzministerin Ilse Aigner gleichtun, die Facebook mit der Begründung mangelnder Datensicherheit verlassen hat.

Resümee

So banal es klingt, so richtig ist es: Wer geschäftlich viel im sozialen Netz aktiv ist, *muss* eine Profilseite auf XING oder unter internationalem Blickwinkel bei LinkedIn haben. Wer einfach nur Kontakt zu früheren Kollegen halten will oder einfach unter Karriereaspekten gefunden werden möchte, *kann* eine Profilseite haben. Frei nach dem Motto: Wenn's nett schaden tut, kann's vielleicht doch was bringen. Wer dabei sein möchte, hat sich schnell registriert und kann jederzeit sein Profil aktualisieren. Wer nicht gleich einen Volltreffer bei seinen Formulierungen landet, kann diese später nachschärfen. Unterschätzten Sie bitte nicht die beruflichen Kontaktseiten wie LinkedIn und XING als Instrument der Rekrutierung. Wer einen Account hat, kann sich stundenlang und passgenau die richtigen Kandidaten herausfiltern, die vielleicht zu dem suchenden Unternehmen passen. Angesichts der Vielzahl an mehr oder weniger erntereifen Früchten, nutzen deshalb Personaler und andere Recruiter dieses formidable Angebot, um sich ihre Kandidaten aus dem riesigen Ozean profilgenau zu fischen.

Berufliche Kontakte In Österreich kündigte die Wirtschaftskammer als größter Arbeitgeberverband im Land an, gezielt auf Facebook nach „Tachinierern" zu recherchieren. Das sind „Faulenzer", die sich auf der Arbeit krank melden, dann aber feiern gehen. Mit anderen Worten: Wer zum unpassenden Datum ausgelassene Partyfotos auf Facebook postet, soll erwischt werden.

Aus den USA werden sogar schon Fälle berichtet, dass Bewerber ihren Zugang zu Ihrem Facebook-Account offenlegen mussten, damit das Unternehmen gleichsam vollen Zugang zu allen Informationen, Kontakten usw. hatte und auf kompromittierende Äußerungen scannen konnte. Spätestens hier endet der Spaß, denn „Big Brother is watching you". Aus deutschen Landen sind solche Extremfälle bisher noch nicht im Umlauf. Mit unserem Grundgesetz und Datenschutz ist dies Gott sei Dank aber unvereinbar. Und überhaupt gilt: Wer von einem Unternehmen mit solchen Wünschen konfrontiert wird, sollte besser gleich absagen. Wer weiß, wo, was, wer und wie sonst später noch alles überwacht wird. Ein unglaublicher Gedanke.

Und noch ein wichtiger Gedanke zum Schluss: Eigentlich müsste man den folgenden Satz in Großbuchstaben schreiben, den die Botschaft ist so zentral und wird dennoch immer wieder missachtet: Das Netz respektive Google vergisst nichts. Es gibt keinen Tintenkiller, keinen Aktenvernichter oder darüberwachsendes Gras. Gesagt ist gesagt. Ausnahmen bestätigen die Regel. Mit anderen Worten: Bevor man hitzköpfig seinen Arbeitgeber beleidigt oder peinliche Bilder ins Netz stellt, hilft die Überlegung, ob der Inhalt auch noch in ein paar Jahren gesagt oder gezeigt werden könnte – ohne zu erröten.

Deshalb prüfen Sie besser zuvor intensiv, was Sie wem, in welchem Umfang und Tiefenschärfe von sich offenbaren möchten. Und wie intensiv Ihr Engagement auf der jeweiligen Social Media Site sein soll. Zurückrudern geht oft nicht. Das Netz kennt keinen Rückwärtsgang. Aber mit der richtigen Botschaft, den richtigen Kontakten und gelegentlichen Headhunter-Anfragen sind Sie mit FLX & Co. beruflich auf der Überholspur.

Das Netz vergisst nicht

Weiterführende Informationen

Bücher:

Deckers, Erik/Lacy, Kyle: *Die Ich-Marke: Erfolgreiches Eigenmarketing mit Social Media*, Addison-Wesley 2011
Hünnekens, Wolfgang: *Die Ich-Sender. Das Social Media-Prinzip. Twitter, Facebook & Communities erfolgreich einsetzen*, Business Village 2010
Lutz, Andreas/Rumohr, Joachim: *Xing optimal nutzen: Geschäftskontakte - Aufträge - Jobs. So zahlt sich Networking im Internet aus*, Linde 2011
Sieck, Hartmut: *XING - Voll dabei!: Wie aus einer Karteileiche ein aktiver Netzwerker wurde. Anwendertipps für Ihren XING Auftritt*, Books on Demand 2010
Stuber, Reto: *Erfolgreiches Social Media Marketing mit Facebook, Twitter, XING und Co.*, Data Becker 2011
Weinberg, Tamar: *Social Media Marketing. Strategien für Twitter, Facebook & Co.*, O'Reilly 2010.

11 Wie manage ich meinen Chef?

.... CHEF SPRING ....

Wer Lust hat, über Sklaven zu herrschen,
ist selbst ein entlaufener Sklave. Frei ist,
wem Freie willig folgen und wer freiwillig dient.
Walther Rathenau (1867-1922)

Auf diese Fragen werden Sie Antworten bekommen:

❏ Wie gut ist mein Chef?
❏ Welche verschiedenen Chef-Typen gibt es?
❏ Wie komme ich am besten mit ihnen zurecht?
❏ Wie tickt mein Chef? Finden Sie heraus, wofür er/sie empfänglich ist. (Checkliste)
❏ Duett oder Duell? Der ideale Chef und der ideale Mitarbeiter.
❏ Wie setze ich meine Interessen am besten durch?

Sein Name dürfte einer der am meisten gedruckten in Deutschland sein: „Qualitätskontrolle: Dipl.-Chem. Prof. Dr. rer. nat. Fresenius, staatl. gepr. Lebensmittelchemiker" – so steht es auf jedem Nutella-Glas und auf vielen Sprudelflaschen. Der Vater der deutschen analytischen Chemie hat einmal passend die Anforderung an einen Chef formuliert: „Wichtigste Aufgabe des Vorgesetzten ist, den Mitarbeitern zu einem persönlichen Erfolg zu verhelfen." Schön wär's – sein Wort in Chefs Ohren.

Sir Ernest Henry Shackleton (1874-1922), seines Zeichens irischer Polarforscher, scheint wohl ein solcher Chef gewesen zu sein. Im Dezember 1914 bricht er mit 27 Mann zur ersten Durchquerung der Antarktis auf. Etwa 100 Kilometer vor dem Ziel steckt das Schiff im Packeis fest. Die Katastrophe: Die Mannschaft verbringt den arktischen Winter an Bord, schleppt dann die Rettungsboote übers Eis, am 498. Tag der Expedition erreicht Shackleton eine Insel. Wochen später wird die komplette Mannschaft gerettet und der Polarforscher nach seiner Heimkehr ein Held. Ein wahrer Manager, der seine Leute motiviert hat und eine Meuterei verhinderte, indem er z. B. Unruhestifter nicht isolierte, sondern in seiner Nähe behielt, um ihren Einfluss zu begrenzen.

Was Hänschen nicht lernt, lernt Hans nimmermehr

Gut, dass Salvador Dali nicht Expeditionsleiter war: „Wer heutzutage Karriere machen will, muss schon ein bisschen Menschenfresser sein", so der surrealistische Maler aus Spanien. Eigentlich wollten wir dieses Kapitel schön plakativ „Wie erziehe ich meinen Chef" nennen. Doch Sie können Ihren Chef nicht erziehen – vergessen Sie die gescheiterten Menschen-Umpoler Lenin, Stalin und Mao. Was bei Kindern schon schwierig ist, ist bei „Erwachsenen" nahezu unmöglich. Es stimmt tatsächlich: Was Hänschen nicht lernt, lernt Hans nimmermehr. „Was nicht im Menschen ist, kommt auch nicht von außen hinein", meinte auch schon Wilhelm von Humboldt (1767-1835), Forscher, Staatsmann und Philosoph.

Dennoch sind Sie Ihrem Chef und seinen Launen nicht schicksalhaft ausgeliefert: Sie können ihn oder sie nicht erziehen, aber Grenzen ziehen. Und das sollten Sie auch. Denn viele Chefs sind keine richtigen Führungskräfte, sondern oft in ihrem Job selbst überfordert. Viele Chefs fahren ihr Auto besser, als sie ihre Mitarbeiter führen.

Wen wundert's? Wenn Sie nachher die neun unterschiedlichen Cheftypen kennengelernt haben, wundern Sie sich wahrscheinlich nicht mehr. Sie werden sich nach der Lektüre des Kapitels wundern, wie Sie bei vielen Chefs mit einfachen Mitteln oft gute Erfolge für ein besseres Miteinander erzielen. Der erste Schritt ist aber: Sie müssen wissen, was Sie wollen. Der zweite Schritt: Sie müssen rauskommen aus dieser fatalistischen Jammerhaltung. Also auf geht's – nur Faultiere lassen sich hängen.

Wie gut ist mein Chef?

Bewerten Sie doch einmal, ob Ihr Vorgesetzter über folgende Eigenschaften verfügt: (bitte jeweils ankreuzen)

	Ja	Nein
anpassungsfähig (flexibel)	❏	❏
ausdauernd	❏	❏
belastbar (hohe Frustrationstoleranz)	❏	❏
charismatisch	❏	❏
durchsetzungsfähig	❏	❏
ehrlich	❏	❏
einfühlsam (emotional intelligent)	❏	❏
entscheidungsstark	❏	❏
fair	❏	❏
initiativ	❏	❏
kompromissfähig	❏	❏
konfliktbereit	❏	❏
kontaktstark (extrovertiert)	❏	❏
kritikfähig (selbstkritisch)	❏	❏
motivierend (Lob, Kritik)	❏	❏
positiv-optimistische Grundstimmung	❏	❏
risikofreudig	❏	❏
selbstbeherrscht	❏	❏
verlässlich	❏	❏
willensstark	❏	❏
zugänglich	❏	❏

Auswertung: 0 bis 5 Mal „Ja": Sie sollten nicht zu viel von Ihrem Chef erwarten. Er ist sehr elastisch (sprich: angepasst), hängt sein Fähnlein nach dem Wind und sitzt Sachen lieber aus. Erwarten Sie nicht zu viel (Positives) von ihm. Er ist tendenziell ein Opportunist und Erbsenzähler. Im Zoo würde er sich bei den Chamäleons oder Maulwürfen wohlfühlen.

6 bis 10 Mal „Ja": So schlecht ist Ihr Chef gar nicht. Zwar könnte er noch deutlich zulegen, aber immerhin reicht's für einen Rang im hinteren Mittelfeld. Im Zoogehege wäre er der Bär, der gemütlich dahintrottet, nicht so schnell umzuwerfen ist und nach dem Motto „Leben und leben lassen" führt.

11 bis 15 Mal „Ja": Sie können sich wirklich glücklich schätzen, einen so tollen Chef zu haben. Mehr als die Hälfte bis zu drei Viertel aller positiven Eigenschaften weist Ihr Vorgesetzter auf – das kann sich sehen lassen und ist kaum noch zu verbessern. Machen Sie doch noch einmal den Test auf Sie selbst bezogen. Sie werden merken, es ist nicht einfach, so viele Jas zu erringen. Im Tierpark wäre dieser Chef ein Adler – scharfer Blick, weitsichtig und ausdauernd.

16 bis 21 Mal „Ja": Kaum zu glauben, dass es so einen Boss heutzutage noch gibt. Herzlichen Glückwunsch zu einem so großartigen Chef! Oder haben Sie aus Versehen die falschen Kästchen angekreuzt? Man müsste diesen Typus eigentlich konservieren, kopieren und klonen. Wenn Deutschland mehr solcher Chefs hätte, wären die Stimmung und Lage besser – und es gäbe sicher einen reißenden Absatzmarkt weltweit. Versuchen Sie alles zu geben, dass dieser Champion Ihnen als Chef erhalten bleibt. Im Zoo wäre er der König der Tiere – der Löwe.

Die drei Persönlichkeitsmuster

Nach Freud existieren drei Persönlichkeitstypen, die ihren Ursprung in frühen kindlichen Erfahrungen haben: der narzisstische, der obsessive und der erotische Archetyp. Viele Menschen vereinen Elemente von allen drei Typen, wobei einer gewöhnlich dominiert. Michael Maccoby, amerikanischer Psychoanalytiker, Anthropologe und ehemaliger Mitarbeiter von Erich Fromm, hat sich intensiv mit den Persönlichkeitsmustern von Managern beschäftigt:

❑ Der narzisstische Typ:

Er spielt in machtvollen Wirtschaftspositionen eine besondere Rolle. Nicht wie im allgemeinen Sprachgebrauch üblich als egozentrischer, selbstverliebter und arroganter Mensch wird der Begriff Narzisst verwendet, sondern dass er wenige soziale Kontrollmechanismen verinnerlicht hat. Mit der Folge, dass er ziemlich unabhängig von der Meinung anderer ist. Er sucht nach eigenen Antworten auf existenzielle Fragen und besitzt zahlreiche Eigenschaften, die ihn für Führungsaufgaben geradezu prädestinieren.

Narzisstische Typen ziehen Menschen an, die ihre Wünsche ständig unkritisch in einen Anführer hineinprojizieren. Narzissten genießen es, von anderen positiv gespiegelt zu werden (Zwang, bewundert zu werden).

❑ Der obsessive Typ:

Er lässt sich stark von inneren Überzeugungen und Regeln leiten. Das kann bei Kontroll-Freaks die Mitarbeiter in den Wahnsinn treiben.

❑ Der erotische Typ:

Er ist eher im unteren und mittleren Management anzutreffen. Er möchte vor allem geliebt und gebraucht werden.

	Stärken	Schwächen
Narzisstischer Typ	❏ Innovativ ❏ Entwickelt Visionen ❏ Kreativer Stratege ❏ Gewandter Redner ❏ Gabe, Menschen zu faszinieren	❏ Aggressiv ❏ Misstrauisch ❏ Fühlt sich umso leichter unbesiegbar, je erfolgreicher er ist und je mehr Bewunderung er erhält ❏ Selbstgerecht, arrogant ❏ Ignoriert Warnungen der Mitarbeiter
Obsessiver Typ	❏ Diszipliniert ❏ Berechenbar	❏ Kontroll-Freak ❏ Selbstgerechtigkeit ❏ Perfektionismus
Erotischer Typ	❏ Gabe, Menschen zusammenzubringen ❏ Erzeugt familiäre (Wohlfühl-) Atmosphäre ❏ Ausgleichender Typ ❏ Geschichtenerzähler/Unterhaltertyp	❏ Mangel an Entscheidungskraft ❏ Mangel an Führungsstärke

Die Chef-Galerie mit ihren neun Typen

In der Literatur werden x verschiedene Typologien entworfen und benannt – schließlich will ja jeder gern Urheber eines eigenen Modells sein. Deshalb werden nachfolgend die zentralen Erkenntnisse zusammengefasst.

Der selbstherrliche Superstar

Er steht gern im Mittelpunkt und möchte bewundert werden. **Loben zieht nach oben** Hier hilft es meist wenig, ihm die Schau stehlen zu wollen. Das macht ihn nur aggressiv. Besser ist es, einem solchen Egomanen genügend Anerkennung zukommen zu lassen. Loben zieht nach oben: Loben Sie ihn öfters und er fühlt sich auf Wolke sieben. So sammeln Sie bei ihm Punkte. Was tun, wenn Sie Ihre Idee für besser als seine halten? Bestätigen Sie ihn in einem Aspekt, den Sie auch gut finden, und hinterfragen Sie einen weiteren, den sie anders bewerten. Verdeutlichen Sie, was die Alternative ihm bringt. Damit er sich aber nicht mit Ihren Erfolgen bei anderen sonnt, empfiehlt es sich, z. B. bei E-Mails einen erweiterten Verteiler zu wählen oder bei Folien, Präsentationen etc. sich selbst in der Fußzeile zu verewigen (eventuell auch den Chef, damit er sich mitfreuen kann). Haben Sie innovative Ideen, dann äußern Sie diese bitte nicht im Vieraugengespräch mit dem Chef, sondern in Anwesenheit vieler Mithörer.

Der klassische Choleriker

Bei ihm (Feuerkopf, Heißsporn, Vulkan) sollte man seine eigene Stimme schonen, keinen „Sängerstreit" entfachen und nicht zurückbrüllen. Gelassenheit und Humor helfen meist besser. Nehmen Sie die Lautstärke und seine Wutausbrüche bitte nicht persönlich – dieser Typ ist „halt so" und so auch bei anderen. „Manche verstärken da ihre Stimme, wo sie ihre Argumente verstärken sollten", hat schon Samuel Johnson, englischer Dichter und Literaturkritiker, im 18. Jahrhundert festgestellt.

„Gegenbrüllen" ist sinnlos

Nur in den wenigsten Fällen ist bei einem gereizten Nashornbullen „Gegenbrüllen" sinnvoll (z. B. als einmaliger Überraschungseffekt, wenn Sie selbst ein ruhiger Typ sind). Ansonsten schauen Sie ihm tief in die Augen, denken an etwas Schönes (z. B. Urlaubserlebnis), setzen Ihr Pokerface auf (damit der andere nicht weiß, wie er bei Ihnen ankommt) – und lassen das Unwetter vorbeiziehen. Wenn Sie ein gutes Standing im Unternehmen haben, können Sie ihn auch bitten, das Zimmer zu verlassen, oder Sie tun es aus Gesundheitsgründen.

Der Bremser

Nehmen Sie das Heft selbst in die Hand

Bei ihm (Blockierer, Reichsbedenkenträger, Schneckerich) werden Entscheidungen und Anfragen erst einmal „abgehangen". Spontaneität oder zügige Reaktionen sind für diesen Cheftypus Fremdwörter. Hier hilft es meist, zwei oder drei Entscheidungsalternativen zu präsentieren, wobei die Alternativen so indiskutabel sein sollten, dass die von Ihnen präferierte akzeptiert wird. Und: Sie müssen aktiv werden, wenn Sie etwas erreichen wollen. Warten Sie nicht ab, sondern nehmen Sie das Heft selbst in die Hand – mit Ideen, Vorschlägen etc. Sie werden sehen, wie angenehm dieser Chef-Typ sein kann, wenn Sie ihn „fernsteuern".

Der Kontrolleur

Er (Big Brother, Aufsichtsbeamter, Revisor) ist häufig das Gegenstück zum Bremser, weil er alles in seinen Händen behalten möchte. Delegieren ist für ihn eine Erfindung des Teufels. Da es aber nicht ohne Delegation funktioniert, hält er es mit Lenin („Vertrauen ist gut, Kontrolle ist besser"). Schließlich kann er alles (!) besser – auch das Kaffeekochen. Wenn er schon nicht alles selber machen kann, dann muss er wenigstens alles selber kontrollieren. Da hilft als Mitarbeiter meist nur eine

Strategie: Informieren Sie Ihren Chef täglich, wöchentlich, monatlich – ständig. Keine Heimlichkeiten! Setzen Sie ihn auf die Carbon Copy (cc) bei E-Mails. Legen Sie ihm alle ausgehenden Schreiben vor. Überschütten Sie ihn mit Informationen, bis er irgendwann vielleicht sogar mal sagt: „Es reicht." Auch der Hinweis auf erfolgreiche ähnliche Projekte, Arbeiten in diesem Jahr, Vorjahr etc. kann für einen Kontrolleur entlastende Wirkung haben. Übrigens, Menschen mit Kontrollzwang sind – wie die Psychologie herausgefunden hat – sehr ängstliche und sicherheitsorientierte Menschen. Mit anderen Worten: Nehmen Sie's nicht persönlich, sondern betrachten Sie Ihren Info-Service als Fitnessprogramm für den Kontrolleur. Und das Ganze hat noch einen schönen Nebeneffekt: Sollte etwas schief laufen, na und, der Chef hat ja alles vorher gesehen! In diesem Sinne ist es doch fast traurig, dass es nicht mehr solcher Chefs gibt.

Überschütten Sie den Kontrolleur mit Informationen

Der Penible

Eng verwandt mit dem Kontrolleur ist der Penible (150-Prozent-Chef, Pedant, Faktenhuber). Alles muss aufs i-Tüpfelchen stimmen. Wehe, wenn mal ein Komma im sonst exzellent formulierten Brief fehlt, dann ist das bereits der Untergang des römischen Reichs. Er ist meist lästiger als der Kontrolleur, weil z. B. Präsentationen auch nach der siebten Überarbeitung noch einmal „feingeschliffen" werden müssen. Nehmen Sie es sportlich und bloß nicht persönlich, sehen Sie darin für sich selbst Lerneffekte und lassen Sie den 150-prozentigen Chef die Fehler suchen und Ergänzungen machen. In einer guten Minute, wenn er so richtig locker drauf ist, können Sie ihm ja mal eine wichtige Managementregel wieder in Erinnerung rufen: die 80-20-Regel von Vilfredo Pareto. Heißt: dass man in 20 Prozent der Zeitanstrengung bereits 80 Prozent der Ergebnisse erzielt, für die restlichen 20 Prozent aber 80 Prozent bräuchte (s. Kapitel 6). Vor allem sollten Sie aber bei Besprechungen, Präsentationen etc. ohne Smalltalk und Socialising direkt zur Sache kommen.

Kein Smalltalk, kein Socialising!

Die Niete

Lassen Sie ihn tanzen! Dieser Typ (Versager, Flasche, Blindgänger) entspricht dem Peter-Prinzip (Aufstieg bis zur Stufe der Inkompetenz) und damit dem völlig überforderten, unfähigen Chef. Wer ihn diese Unfähigkeit spüren lässt, macht sich unbeliebt und den Chef zum Rächer. Besser ist es, den inkompetenten Chef wie bei der Augsburger Puppenkiste, aber bitte unauffällig, an Fäden zu dirigieren. Er muss glauben, dass er die Entscheidungen getroffen hat, nicht Sie. Aber helfen Sie ihm.

Der Despot

Sachlich und informiert gegensteuern Er (Tyrann, Sklavenhalter, Diktator) kennt in seinem Leben ausschließlich die Firma und opfert es dem Unternehmen. Selbstverständlich erwartet er das auch von seinen Mitarbeitern. Was tun? Sachlich und informiert gegensteuern. Wenn kurz vor dem verdienten Feierabend noch was ganz Dringendes kommt, dann können Sie a) priorisieren und Ihren Chef fragen, was dafür liegen bleiben soll, oder b) höflich auf den nächsten Tag und ihr intaktes Familienleben hinweisen. Übrigens, auch ein (tatsächlicher) Arzttermin ist immer ein gutes Gegenargument. Außerdem sollten Sie, wenn Sie einer der Leistungsträger sind, beachten, dass der, der am schnellsten die Arbeit erledigt, immer mehr aufgehalst bekommt. Und: Handy mal ausschalten, ja nicht von zu Hause auch noch arbeiten oder gar im Urlaub (wenn Sie weg sind, dann sind Sie weg, basta). Es gibt so gut wie nichts, das nicht auch am nächsten Tag noch erledigt werden kann. Der Hinweis gilt nicht für Feuerwehrleute, Polizisten und Rettungssanitäter.

Der Patriarch

Ihn (Sonnenkönig, Häuptling, Pontifex maximus) trifft man häufig in mittelständischen inhabergeführten Unternehmen. Das Oberhaupt führt das Rudel an, wacht fürsorglich, duldet gleichzeitig aber auch keine Nebenbuhler. Widerstand ist normalerweise zwecklos. Arrangieren Sie sich mit den Umständen, suchen Sie die Vorteile, regen Sie sich nicht über die Nachteile auf und – siehe „selbstherrlicher Superstar" – loben Sie den Patriarchen für seine Weitsicht. Kritik und Widerspruch werden gewöhnlich als persönliche Beleidigung verstanden. Mit anderen Worten: Jasager haben Konjunktur. Und wenn Sie noch einen guten Tipp haben, außer z. B. diesen Patriarchen zu ehelichen (sofern das geht), dann lassen Sie es die Autoren wissen. Wer aus dem Windschatten des Sonnenkönigs heraustreten will, der muss wahrscheinlich die Abteilung, den Bereich etc. wechseln.

Jasager haben Konjunktur

Der Sadist

Und der Letzte im Bunde ist der Sadist (Menschenquäler, Abartige, Psychopath). Gott sei Dank gibt es diese Spezies im Berufsleben eher selten, aber jeder ist einer zu viel. Nach Ansicht von Paul Babiak, New Yorker Wirtschaftspsychologe und Professor, ist der Anteil von Personen mit „dissozialer Persönlichkeitsstörung" unter Managern besonders hoch. Als langjähriger Berater vieler US-Firmen hat er unter 100 Angestellten jeweils ungefähr acht als Psychopathen erkannt – und diese auch noch jeweils in gehobenen Positionen. Die Betroffenen seien kaum gewalttätig, aber unberechenbar, hätten Freude am Schikanieren, seien ausschließlich selbstbezogen und könnten ganze Konzerne in den Abgrund treiben. Drei Hauptmotive, so Babiak, trieben diesen Menschentyp: Suche nach Nervenkitzel, Lust am Spiel (Spielernatur) und sie verletzen gern andere Menschen. Na dann Prost. Wenn Ihr Chef einen Hang zum Sadismus hat, dann empfiehlt Petra Begemann, Autorin von *Den Chef im Griff*, eine steinzeitliche Flucht-Strategie, an die eigene Gesundheit zu denken und zu kündigen. Wenn Sie eine gute Alternative haben, dann ist das sicher ein sinnvolles Verhalten. Doch was tun, wenn man auf den Job angewiesen ist? Dann sollten Sie folgende Fragen stellen:

Flucht-Strategie

Bevor Sie Ihren Job aufgeben …

❑ Wie springt der Chef mit den Kollegen um?

Wenn es ein allgemeines Problem ist, sind Sie in der Gruppe stärker und können z. B. den Betriebs-/Personalrat einschalten. Und: In den meisten Fällen hat auch der Vorgesetzte wieder einen Chef, den man – bitte sachlich (Vorfälle konkret benennen) – informieren könnte.

Wenn er nur Ihnen so begegnet, könnte es auch z. T. daran liegen, dass Sie ihm eine Angriffsfläche bieten. Sadistische Chefs leben sich vor allem bei denen aus, die das mit sich machen lassen – z. B. bei eher ängstlichen, zurückgezogenen Typen. Auch wenn es etwas hart klingen mag: Es gehören immer zwei dazu. Oder: Jeder bekommt den Chef, den er verdient.

❑ In welchen Situationen verhält sich der Chef so ferkelhaft?

Steht er selbst unter Druck oder hat er ein sadistisches Naturell? Ist er montags schlechter drauf als freitags oder morgens schlechter als abends (weil er den Berg Arbeit noch vor sich sieht), vor oder nach dem Mittagessen mieser gelaunt? Notieren Sie möglichst genau die Vorfälle (kurzes Gedächtnisprotokoll mit Datum und Uhrzeit), damit Sie etwas in der Hand haben (siehe auch den Aspekt Mobbing im Kapitel 10). Die Notiz hilft Ihnen auch psychisch etwas (Frust von der Leber schreiben).

❑ Wie reagiere ich beim nächsten Mal?

Wenn möglich, gehen Sie ihm aus dem Weg. Da dies leider oft unmöglich ist, bereiten Sie sich mental auf die nächste „Gemeinheit" des Chefs vor. Überlegen Sie sich Antworten, Argumente, Verhaltensweisen und Gegenstrategien. Werden Sie Ihr eigener Regisseur und entwerfen Sie ein Drehbuch. Das macht Sie stärker und weniger verwundbar. Beispiel: Wenn er wieder ausrastet, dann sagen Sie, wenn der Despot gerade anfängt zu hyperventilieren, Sie holen mal schnell den Kollegen XY (oder den Betriebsrat XY), oder rufen den Kollegen an, dass er kommt. Manchmal hilft es auch, dem anderen ein Stopp-Zeichen („Mit mir nicht mehr") zu setzen. Auch die nonverbale Kommunikation ist wichtig: Schauen Sie dem anderen in die Augen und senken Sie nicht den Kopf, damit der andere spürt: „So nicht!"

Und wenn weder Kollegen noch Betriebsrat helfen können, dann sollten Sie sich juristischen Rat holen – und wenn gar nichts hilft, dann tatsächlich wechseln. Und wenn Sie aushalten, dann denken Sie an den römischen Philosophen und Dichter Lucius Annaeus Seneca (4 v. Chr. bis 65 n. Chr.): „Jede Rohheit hat ihren Ursprung in einer Schwäche."

90 Prozent der Mitarbeiter sehen im Führungsverhalten der Chefs die größte Schwachstelle, wie eine Befragung von mehr als 10 000 Mitarbeitern und Managern durch Batz & Siegler Consulting ergeben hat. Für eine Win-Win-Konstellation im Berufsleben, also einen beidseitigen Erfolg für Vorgesetzte und Mitarbeiter, ist eine wesentliche Voraussetzung, dass beide Gruppen die Rollenerwartungen weitgehend erfüllen. Deshalb ist an dieser Stelle sinnvoll, sich den „idealen" Chef und Mitarbeiter jeweils aus der Perspektive der anderen Gruppe anzuschauen.

Wunsch-Chefs und Wunsch-Mitarbeiter

Die idealen Chefs …

❑ … wissen, wovon sie reden, und stehen dazu, auch wenn Gegenwind bläst (Kompetenz und Rückgrat).

❑ … informieren (Transparenz; wer versteht, warum er was tut, ist motivierter), können zuhören (Informationsfluss ist der Sauerstoff der Organisation), äußern konkrete Erwartungen und treffen Entscheidungen.

❑ … loben ehrlich (Motivation und emotionale Intelligenz) und führen nicht nach dem Motto: „Wer schweigt, der lobt."

❏ ... sind authentisch und menschlich, aber zugleich gerecht. (Gleichbehandlung der Mitarbeiter. Extrawürste demotivieren alle, die leer ausgehen!)

❏ ... setzen auf die Stärken der Mitarbeiter und lassen ihnen Erfolge (und verkaufen sie nicht als ihre eigenen).

❏ ... wissen nicht immer alles besser, sondern fragen auch ihre Mitarbeiter um Rat und schlagen sinnvolle Ideen nicht in den Wind.

❏ ... vereinbaren Jahresziele gemeinsam mit ihren Mitarbeitern.

❏ ... kritisieren positiv.

❏ ... können selbst Kritik ertragen und setzen nicht auf Claqueure.

❏ ... tolerieren Fehler als Lernprozesse.

❏ ... halten Mitarbeitern den Rücken frei, und wenn es kritisch wird, stellen sie sich vor ihre Mitarbeiter.

❏ ... sind offen für Neues und sagen nicht: „Haben wir noch nie so gemacht" oder „Haben wir schon immer so gemacht".

❏ ... beherrschen Networking im Unternehmen und steigern so den Stellenwert der Abteilung (Eigen-PR).

❏ ... halten, was sie versprechen (Vorbildfunktion).

❏ ... legen auch selbst mal Hand an und delegieren nicht alles, geben also mit persönlichem Einsatz ein gutes Beispiel (Taten statt Worte).

❏ ... haben Humor und können (auch über sich selbst) lachen.

❏ ... kennen neben der Arbeit auch das Wort Freizeit (Vokabel Work-Life-Balance).

Die idealen Mitarbeiter ...

❏ ... müssen nicht zum Jagen getragen werden, sondern entwickeln von sich aus Ideen und machen aktiv Verbesserungsvorschläge (Engagement).

❏ ... haben eine positive Grundhaltung.

❏ ... stehen hinter dem Chef, fallen ihm aber nicht in den Rücken (Loyalität).

❏ ... arbeiten auch mal eine Stunde länger, ohne gleich mit dem Betriebsrat zu drohen.

❏ ... lassen sich auch führen und verstehen Führung nicht nur als theoretisches Konstrukt.

❏ ... stöhnen nicht immer gleich, wenn etwas Neues oder mal eine Zusatzarbeit auf sie zukommt.

❏ ... haben vor Augen, dass eine Firma ein Wirtschaftsunternehmen ist und sich am (Welt-)Markt behaupten muss.

❏ ... machen nicht immer nur andere (und gern auch den Chef) für ihr eigenes Seelenleid und ihre Unzufriedenheit verantwortlich.

❏ ... investieren ihre Zeit nicht für Intrigen.

❏ ... können sich selbst motivieren (innerer Antrieb).

❏ ... delegieren Entscheidungen nicht nur nach oben, sondern übernehmen auch selbst Verantwortung.

❏ ...haben Humor und lachen (auch über sich selbst).

Win-Win-Ansatz

Sie sehen an den beiden Zusammenstellungen, dass sich an die Führungskraft ganz schnell mehr Anforderungen ergeben als an die „normale" Arbeitskraft. Dies zeigt zugleich, dass es Chefs, zumal die Mittelmanager in einer Sandwichposition, nicht einfach haben, diese hohen Rollenerwartungen zu erfüllen. Mit einem Win-Win-Ansatz tut man sich miteinander einfacher. Ihr Chef ist kein Hochseilartist – Sie auch nicht! Nutzen Sie Ihre wechselseitigen Stärken, das motiviert mehr, als sich gegenseitig das Berufsleben madig zu machen. Letztlich schaden Sie sich, dem anderen und der Abteilung. „Ein guter Chef macht sich überflüssig, nicht entbehrlich", hat der Buchautor Martin Wehrle (*Die Geheimnisse der Chefs. So bekommen Sie ihren Vorgesetzten in den Griff*) festgestellt. Und: „Unfähige haben ihre Leute im ‚Griff', fähige Chefs gewähren Freiraum." Verabschieden Sie sich von der Fiktion eines perfekten Chefs, den gibt's nur im Märchen.

Moderner Fünfkampf – oder fünf Fragen, die Chefs stellen sollten, um klar zu führen:

❏ Wie lautet unsere Strategie?
❏ Wie ist die derzeitige Situation zu bewerten?
❏ Was will ich erreichen?
❏ Wen bitte ich was zu erledigen?
❏ Welche Mittel stehen zur Verfügung?

Exkurs: Wissenschaft und Chefs

❏ Immer wieder ergeben Studien: Schlechte Vorgesetzte und mangelnde Förderung im Unternehmen sorgen für Frust, Fatalismus und Fluktuation.

❏ 42 Prozent der Frauen und 36 Prozent der Männer fühlen sich vom Chef genervt, so eine Umfrage im Auftrag von *Men's Health*. Am meisten geht Frauen der Druck von oben auf die Nerven: 45 Prozent, 43 Prozent reagieren allergisch auf den Befehlston von Vorgesetzten.

❏ Rund 10 Prozent aller Führungskräfte sind Ekelpakete, wie der Hamburger Managementprofessor Michael Domsch herausgefunden hat.

❏ Bei Mitarbeitern, die elektronisch überwacht werden (z. B. Videokameras, Computersysteme), sinkt die Arbeitsleistung, wie ein Forscherteam der Syracuse-Universität in New York herausgefunden hat, weil dadurch das Klima des Misstrauens steigt.

❏ Wer als Chef weniger kommuniziert, hat auch weniger Erfolg. Das hat eine Benchmarkstudie des Marktforschungsunternehmens Forum im Auftrag der Deutschen Gesellschaft für Qualität (DGQ) und *Impulse* herausgefunden.

❏ James Citrin und Christine Stimpel haben anhand einer Untersuchung, für die sie 2000 Führungskräfte interviewt haben, fünf verschiedene Erfolgsprinzipien „entdeckt". Das Wichtigste für Sie als Mitarbeiter sollten Sie und Ihr Chef kennen (lassen Sie es ihn also wissen): Erfolgreiche Führungskräfte praktizieren einen fördernden Führungsstil. Mit anderen Worten: Sie haben erkannt, dass sie Erfolg nur mit anderen Personen haben können, und scharen deshalb die Besten um sich. Sie verbreiten eine positive Arbeitsatmosphäre und verschaffen sich dadurch eine „loyale Armee".

❏ Eine Studie von Professor Gay Haskins von der London Business School (LBS) unter weltweit rund 100 Top-Managern hat ergeben: Wichtige Anforderungen an eine Führungskraft sind Sensibilität für andere Kulturen, die Fähigkeit, mit Unsicherheit und Ambiguität (mehrdeutigen Situationen) umzugehen, Teamfähigkeit, Selbstkenntnis („Ein Manager muss sich selbst gut kennen") und persönliche Integrität.

Wie setze ich meine Interessen beim Chef durch?

Im Folgenden wird das Harvard-Verhandlungskonzept als eine Technik, wie unterschiedliche Interessen für beide Seiten bestmöglichst zusammengebracht werden können, präsentiert. Picken Sie die für Sie relevanten Vorschläge heraus, trainieren Sie diese und wenden Sie sie einfach immer wieder an.

1. Versuchen Sie, sich in die Perspektive Ihres Chefs hineinzuversetzen. Schritt 1: Wie denkt Ihr Chef? Welche Strategie verfolgt er und warum? Auf gut Deutsch: Wie tickt Ihr Chef? Versuchen Sie, darüber so viel wie möglich in Erfahrung zu bringen. Schritt 2: Sie müssen wechseln können zwischen Anpassung und Widerstand. Wer immer nur „Ja" sagt, macht sich selbst zum Depp. Wer immer nur „Nein" sagt, wird sich auf Dauer beim anderen nicht beliebt machen.

Jeffrey Immelt, Chef des US-Industriegiganten General Electric: „Es macht mich verrückt, wenn sich Mitarbeiter nicht hundertprozentig ihrer Aufgabe verschreiben. Ich will, dass die Menschen mit mir an einem Strang ziehen, ohne zu bloßen Jasagern zu verkümmern." Auch der amerikanische Filmproduzent Samuel Goldwyn (1884-1974), Mitinhaber der MGM-Studios, mochte „keine Jasager" um sich herum.

2. Sofern es Unternehmensstrategien und -ziele in Ihrer Firma gibt, sollten Sie versuchen, Ihre Vorschläge und Absichten an diesen auszurichten und als Verbündete nutzen – so fällt das Argumentieren leichter. Dann haben Sie Hilfe von „ganz oben".

3. Engagieren Sie sich. Suchen Sie sich spannende, zukunftsträchtige Aufgaben, mit denen Sie sich profilieren können. Entwickeln Sie Ideen – kein auch nur halbwegs vernünftiger Chef kann auf einen Mitarbeiter sauer sein, der mitdenkt. Vor allem zwei Bereiche bieten sich dafür an: neue Produktideen (Motto: Was können wir an den bestehenden verbessern oder welche neuen brauchen wir für welche Zielgruppe, warum?) oder Kosten sparen. Bei vielen Unternehmen steht Letzteres seit einiger Zeit höher im Kurs. Das heißt: Wo können Sie im Einkauf Kosten senken? Wo werden in Ihrer Abteilung unnötige Gelder verausgabt oder gar verschleudert? Wann gab es zuletzt Ausschreibungen? Meist lassen sich dadurch erkleckliche Kosten sparen (und den Orden dürfen Sie sich anheften). Sie haben keine Kosten-Controller-Mentalität (früher: Erbsenzähler)? Dann kommen Ihnen vielleicht für den Verkauf neue Ideen: Denken Sie in Richtung Kundenservice, Produktpakete …

Und wenn Ihr Chef schwerhörig ist, dann richten Sie sich an das betriebliche Vorschlagswesen/Ideenmanagement. Was, Ihre Firma hat so etwas noch nicht? Dann gründen Sie einen Ideenpool. Und generell: Kommunizieren Sie regelmäßig Ihre Erfolge. Nicht plump im Ich-Stil, sondern immer schön mit Teambezug. Das ist ehrlicher und Sie demotivieren nicht andere, die Ihnen dann später mal ein Bein stellen.

4. Sie sollten Ihre beruflichen Perspektiven kennen: Fragen Sie Ihren Chef, wo er Sie in drei Jahren sieht. Und – ganz wichtig – bereiten Sie sich auf das Gespräch vor: Überlegen Sie sich bitte vorher, welche Perspektive Sie haben, setzen Sie u. a. auch Jahresziele! Verlangen Sie Feedback von Ihrem Vorgesetzten! Fordern Sie genaue Informationen über das Unternehmen, Ihre Abteilung und sich. Es geht um genaue Informationen – Gerüchte verunsichern nur – und klare Arbeitsaufträge. Wenn Sie nicht genau wissen, wie Ihr Chef es gemeint hat, fragen Sie nach (Stichwort Auftragsklärung). Sonst heißt es hinterher: „Sie haben mich falsch verstanden." Stichwort Gehaltsverhandlungen oder Beförderungen: Passen Sie den richtigen Moment ab (s. Kapitel 6, „Kairos") – konkret: nach einem Erfolg, wenn die Stimmung gut ist. Ihre (erfolgreichen) Projekte dienen im Gespräch als Leistungsnachweis. Sagen Sie nicht: „Der Kollege verdient mehr." In 99,9 Prozent der Fälle werden Sie mit dieser Argumentation Schiffbruch erleiden. Lassen Sie sich nicht nur mit Lob abspeisen: Lob ist weitaus billiger als eine Gehaltserhöhung. Lob ist eine notwendige, aber keine hinreichende Bedingung für eine Gehaltserhöhung. Deshalb handeln Sie (s. o.)!

5. Präsentieren Sie Forschungsarbeiten, Untersuchungsergebnisse oder Umfragen, die Ihnen entgegenkommen bzw. Ihre Position unterstützen, und platzieren Sie diese – je nachdem – auffällig oder unauffällig anonym oder mit Absender. Mittlerweile drucken selbst Tageszeitungen immer mal wieder populärwissenschaftliche Themen (z. B. Arbeitszufriedenheit, Mitarbeitermotivation, Mittagsschlaf etc.) ab. Ansonsten sind auch *Wirtschaftswoche*, *Capital*, manchmal auch das *manager magazin* und *FOCUS* gute Fundgruben. Beispiel: Sie wollen dokumentieren, dass es nicht um die Länge, sondern um den Inhalt bei der Arbeitszeit geht, dann präsentieren Sie z. B. folgende Erkenntnis, dass lange Zeit im Büro denkfaul macht: „Kurze Arbeitszeiten regen die Fantasie an, wie in knapper Zeit besser gearbeitet werden kann", so ein Arbeitsmarktexperte mit Blick auf eine OECD-

Untersuchung (Quelle: *WELT* vom 17.7.2004). Oder Sie lieben es klassisch. Dann gibt es meist ein passendes Zitat. Wie wär's mit dem französischen Moralisten, François de La Rochefoucauld (1613-1680): „Niemand hetzt andere so wie die Faulen, wenn sie ausgefaulenzt haben, damit sie fleißig erscheinen."

6. Angst blockiert Kreativität, wie etliche Forschungsarbeiten der (Sozial-)Psychologie und Gruppensoziologie belegen. Mit anderen Worten: Um produktiv und kreativ als Mitarbeiter arbeiten zu können, benötigen Sie eine (gewisse) Fehlertoleranz und Rückhalt von oben. Dann fließt die Arbeit viel besser – zum Nutzen aller! Das muss Ihr Chef wissen! Wer fehlerfrei arbeiten möchte, begeht schon einen Denkfehler: Anstrengen und das Beste geben ist o.k., aber das ist es auch. Und: Gestehen auch Sie Ihrem Chef Fehler zu – ansonsten werden Sie zum ewigen Nörgler und Bruddler. Und wenn Sie der Chef mal wieder (vor Kollegen) niedermacht, dann sagen Sie in einem normalen Ton: „Sie verletzen mich gerade."

7. Jede Pflanze braucht Licht – ein Mensch noch viel mehr. Das heißt: Auch Chefs sollten wissen, dass motivierte Mitarbeiter (ehrliches Lob!) die besseren sind. Fangen Sie auch an, ihn zu loben. Dann können Sie ein paar Wochen/Monate später sagen, dass echte, ehrliche Komplimente für Sie und Ihre Arbeit ebenfalls keine gefährliche Krankheit sind. Komplimente sind sinnvolle Investitionen. Und lassen Sie das ewige (oder kollektive) Jammern, es zieht Sie nur herunter und Sie verharren in einer auf Dauer krankmachenden Opferrolle.
Übrigens: „Ein Schulterklopfen ist zwar nur ein paar Rückenwirbel vom Tritt in den Hintern entfernt, ihm aber, was die Folgen betrifft, um Meilen voraus."

8. Fordern Sie offene Kommunikation – und kommunizieren Sie selbst offen: Versuchen Sie, zu einem wohlwollend kritischen Sparringspartner für Ihren Chef zu werden. Kritik sollte erlaubt sein, nur so werden Mitarbeiter zu Beteiligten. Das sollte auch Ihr Chef wissen. Halten Sie Ihren Chef

informiert. Sie können ihm ja auch immer wieder mal einen Artikel vorlegen, der z. B. belegt, „wie man Mitarbeiter gewinnt". Dazu gleich eine Untersuchung von Towers Perrin, die die zehn wichtigsten Forderungen aus Sicht der Arbeitnehmer auflistet:

- Abwechslungsreiche Arbeit (49 Prozent)
- Anerkennung geistiger Arbeit (48 Prozent)
- Aufstiegsmöglichkeiten (45 Prozent)
- Angenehmes Betriebsklima (41 Prozent)
- Fortbildungsmöglichkeiten (37 Prozent)
- Herausfordernde Arbeit (36 Prozent)
- Work-Life-Balance (34 Prozent)
- Gestaltungsmöglichkeiten (34 Prozent)
- Wettbewerbsfähige Nebenleistungen (24 Prozent)
- Modernste Technologien (23 Prozent)

Oder exemplarisch einen Artikel aus der *Wirtschaftswoche* in Kooperation mit der *MIT Sloan Management Review* vom 15.4.2004: „Zu viele Muskeln – Manager, die ihre Stärken übertrieben einsetzen, sind weniger erfolgreich."

9. Und wenn Sie alleine nicht weiterkommen, suchen Sie sich verbündete Kollegen. Seien Sie sich aber dessen bewusst: Wenn es kritisch wird, könnten Sie alleine im Regen stehen. Überlegen Sie sich vorher, wie weit Sie sich aus dem Fenster lehnen wollen: Agieren Sie wie ein Schachspieler und überlegen Sie, welche möglichen Konsequenzen Ihr Verhalten haben könnte (Szenario-Technik, Vor- und Nachteile antizipieren). Lassen Sie bei einem weniger wichtigen oder heiklen Thema z. B. einen Versuchsballon steigen. Dann sehen Sie, wem Sie im Mitarbeiterkreis vertrauen können. Erzählen Sie z. B. im Vertrauen („nur für dich bestimmt") etwas und prüfen Sie, ob der andere sich an diese Vereinbarung hält.

10. Sie haben die Wahl, ob Sie Ihren Chef als Partner oder als Gegner betrachten. Wenn Sie sich für Gegnerschaft entscheiden sollten, stellen Sie sich auf ein frostiges Klima ein. Ein Stellungskrieg schadet meist beiden Seiten. Und bedenken Sie: „Versuche niemals, jemanden so zu machen, wie du

selbst bist. Du solltest wissen, dass einer von deiner Sorte genug ist", so Ralph Waldo Emerson (1803-1882), US-amerikanischer Schriftsteller und Philosoph. Also machen Sie Ihren Chef nicht für alles Leid der Welt verantwortlich und weder zu Ihrem Klon noch zu Ihrem Clown.

Und wenn Sie gerade in einer kritischen Situation stecken, weil es beruflich nicht läuft – oder nur rückwärts – und Sie wieder eine „Watschn" vom Chef eingefangen haben, dann denken Sie an Reinhard Sprenger, den Autor von *Mythos Motivation*: „Im Grunde gibt es keine schlechten Mitarbeiter, nur falsch eingesetzte."

Heben Sie wichtige Dokumente auf

Außerdem denken Sie auch noch daran: Der französische Staatsmann Charles Maurice Duc de Talleyrand wusste, wie man (politisch) überlebt: „Man muss die Zukunft im Sinn haben und die Vergangenheit in den Akten." Auf das Berufsleben übertragen heißt das: Heben Sie wichtige Dokumente auf. Man kann nie wissen, ob man sie noch zur Ent- bzw. Belastung braucht. Bei heiklen Themen, die einem später vielleicht auf die Füße fallen könnten, lohnt es sich immer, die Zustimmung vom Chef – schriftlich! – einzuholen. Ersatzweise kann es auch ein kurzes E-Mail-Protokoll – ausgedruckt! – sein. Gelegentlich kann auch eine Kopie nicht schaden. Notfalls hilft es auch, wenn das Kind droht, in den Brunnen zu fallen, oder schon darin liegt, den Kreis der Wissenden zu erweitern. (Motto: „Hat ja keiner was unternommen.") Zwar wird euphemistisch gern von einer Vertrauenskultur in vielen Unternehmen gesprochen. Doch meist regiert das Gegenteil: Misstrauen, bloß absichern, damit, falls ein Fehler passiert, es mir nicht an den Kragen geht. Bei der Deutschen Bank werden diese Dokumente als „Save my ass"-Mails bezeichnet, wie das *manager magazin* herausgefunden hat.

Weitere praktische Tipps, um den Chef besser einzuschätzen

❏ Geheimtipp von Harry Levinson, Fachmann für Persönlichkeitsstörungen am Arbeitsplatz: „Fragen Sie, was jemand erreicht hat und worauf er am meisten stolz ist." Wenn der andere dann nur über sich selbst spricht, die Arbeit anderer nicht würdigt und vielleicht sogar noch ehemalige Kollegen runtermacht, dann sollte bei Ihnen die Alarmglocke schrillen. Und was tun, wenn man einen so eitlen Pfau als Chef hat? Die Gebrauchsanweisung lautet „Modell Luftballon": Treten Sie nicht in eine Leistungsshow ein, sondern blasen sie ihn so lange auf, bis er platzt.

Modell Luftballon

❏ „Über Beförderungen entscheidet in vielen Fällen vor allem die persönliche Sympathie", weiß Oswald Neuberger, Professor für Personalwesen an der Universität Augsburg. Ausgangssituation: Viele Vorgesetzte sind eitel und für Schmeicheleien sehr empfänglich.

Schmeicheln Sie!

❏ Wenn Chefs hektisch zwischen unterschiedlichen Arbeiten hin- und herspringen, dann ist dies ein sicheres Zeichen, dass sie mit ihrem Latein am Ende sind. Vor allem jüngere Vorgesetzte lassen sich von ihren Chefs gern ins Bockshorn jagen, machen überall Baustellen auf, krempeln vieles um und kriegen wenig auf die Reihe.

Zu viele Baustellen

❏ Blicken Sie tiefer: Hinter dem Perfektionismus der Chefs steckt meist die Angst, den Erwartungen ihrer Vorgesetzten nicht zu entsprechen und zu versagen. Viele Chefs (und Chefinnen) sind zunächst mit dem Unternehmen verheiratet. Und alle anderen Lebensbereiche werden dem beruflichen Erfolg untergeordnet. Mit dem Herrschen über andere (Macht), mit Status und Erfolg will der neurotische Vorgesetzte seine getretene Seele streicheln.

Viele Chefs sind mit dem Unternehmen verheiratet

Weiterführende Informationen

Bücher:

Begemann, Petra: *Den Chef im Griff – Strategien für den richtigen Umgang mit Vorgesetzten*, Eichborn 2000
Citrin, James/Stimpel, Christine: *Das Geheimnis außergewöhnlicher Karrieren*, Campus 2004
Jäger, Roland: *Kompetent führen in Zeiten des Wandels*, Beltz 2004
Morrell, Margot/Capparell, Stephanie: *Shackletons Führungskunst. Was Manager von dem großen Polarforscher lernen können*, Rowohlt 2003
Pelz, Waldemar: *Kompetent führen*, Gabler 2004
Schlick, Sigrun (u.a.): *Führen leicht gemacht*, Redline Wirtschaft 2003
Wehrle, Martin: *Die Geheimnisse der Chefs. So bekommen Sie ihren Vorgesetzten in den Griff*, Hoffmann & Campe 2004
Weisinger, Hendrie: *Wie sag ich's meinem Chef? Mit positiver Kritik zum Ziel*, Econ

12 Die lieben Kollegen

Wir sehen in den anderen Menschen nicht Mitmenschen,
sondern Nebenmenschen – das ist der Fehler.
Albert Schweitzer (1875-1965)

Auf diese Fragen werden Sie Antworten bekommen:

❏ Welche verschiedenen Kollegen-Typen gibt es?
❏ Warum Menschen mobben und was man dagegen tun kann.
❏ Wie identifiziere und löse ich Konflikte?

Es gibt wenig Arbeit, aber viel zu tun!

Kennen Sie das am meisten verbreitete Berufsbild in deutschen Landen? Es sind die Waldarbeiter. Sie scheinen am Arbeitsplatz die häufigste Berufsgruppe zu sein: sägen, sägen, sägen – was das Zeug hält. Am Stuhl des Chefs und im Kollegenkreis. Und dann gibt es noch die Messerwetzer und (Märchen-)Erzähler. Boomende Berufsbilder in Zeiten von Krise und Jobangst. Ganz nach dem Motto von Heinrich Böll: „Es gibt wenig Arbeit, aber viel zu tun." Überlebensstrategien sind im Umgang mit den „lieben" Kollegen besonders wichtig. Im Folgenden werden Ihnen faire und fiese Tricks der anderen – und wie Sie darauf reagieren oder schon vorher agieren – präsentiert.

Der Typen-Tierpark

Nicht jedes „Tier" existiert in Reinform, meist ist der Kollege eine Kreuzung verschiedener Tiere bzw. nimmt verschiedene Rollen ein (positive wie negative). Warum diese Übersicht? Sie können Menschen – wie schon erwähnt – nicht ändern. Aber Sie werden, wenn Sie das Verhalten des anderen besser einschätzen können, sich selbst anpassen und entsprechend kommunizieren.

Die sechs tierischen Typen

1. Der Gorilla (der Brutale oder Rambo)
Kennzeichen: laut, raubeinig, rabiat. Er kämpft mit harten Bandagen, hält viel von Durchsetzungsfähigkeit. Sein Arbeitsmotto lautet militärisch knapp: „Alles hört auf mein Komman-

do!" Wer nicht hört, wird balbiert. Der Berufs-Rambo sagt offen, was er denkt, hält mit öffentlicher Kritik nicht hinter dem Berg, kritisiert Kollegen auch unter der Gürtellinie. Druck wird öffentlich und ungefiltert weitergegeben.

Bewertung: Da viele Menschen eher konfliktscheu sind, hat er mit dieser Rambo-Haltung öfters Erfolg. Wie gerade im Chef-Kapitel (s. Kapitel 11) erklärt, steckt hinter der brutalen Fassade häufig ein sehr verletzter, schwacher Mensch. Meist möchte diese Spezies schnell hoch auf den Karrierebaum klettern.

Gegenstrategie: Wer sich in die Opferrolle drängen lässt, hat schon verloren. Das wird als Schwäche ausgelegt und mit Inkompetenz gleichgesetzt. Auch die Technik, mit „Regen Sie sich nicht so auf" zu besänftigen, schlägt meist fehl. Die klassische Antwort lautet: „Ich rege mich nicht auf."

Was hilft? Sie müssen Ihren Standpunkt nachdrücklich verteidigen, als ob er gegen eine Betonwand rennt. Das beeindruckt ihn. Zurückbrüllen? Eher nicht, das ist nur für besonders großvolumige Lungen geeignet. Am besten dürfte es sein, wenn Sie bewusst sachlich argumentieren. Geht der Brüllaffe darauf nicht ein, nehmen Sie das Heft in die Hand und sagen in einer Ich-Botschaft: „Ich glaube, wir sollten dieses Problem später lösen." Damit demonstrieren Sie Souveränität, die auch im Kollegenkreis beeindruckt.

Brüllen Sie nicht zurück!

2. Die Schlange (der Intrigant)

Kennzeichen: verschlagen, unlauter, hinterrücks stichelnd und mit Vorliebe Gerüchte streuend: „Auch schon gehört, dass Kollege X ....", „Nicht weitersagen, ich habe aus bester Quelle (alternativ: erster Hand) gehört, dass ...", „Weißt du eigentlich schon, dass ...". Er ist der dritte Mann, der Undercover-Agent, der nur indirekt redet: mit anderen über andere, aber nicht mit dem anderen. Und wenn er mal mit dem anderen redet, dann nur, um ihm etwas zu entlocken.

Bewertung: Diese wandelnde Puderdose streut Vermutungen, Erfindungen, versprüht Schlangengift und vergiftet dadurch das Betriebsklima. Warum? Der Intrigant will sich damit aufplustern, wichtig machen. Motto: Schaut her, was ich alles sehe und weiß – habe ich nicht tolle Kontakte? Was bin ich für ein toller Hecht!

Die Wahrheit muss ans Licht

Gegenstrategie: Die Wahrheit muss ans Licht. Seine giftige Wirkung kann dieser Typ dann entfalten, wenn er im Dunkeln, im Geheimen operieren kann. Diese Geschäftsgrundlage können Sie ihm entziehen, wenn Sie ihn aus der Deckung locken. Sagen Sie ihm in einem Vieraugengespräch, wenn Sie Betroffene(r) sind, dass Sie alles wissen. Tun Sie das auf keinen Fall vor anderen Leuten: Er wird wahrscheinlich alles abstreiten, Sie in einem schlechten Licht erscheinen lassen und dadurch das Gerücht eher noch verstärken. Zeigt diese züngelnde Schlange sich nicht einsichtig im Face-to-Face-Gespräch, dann schalten Sie Ihren Chef ein. Und wenn es andere betrifft?

Sagen Sie dem Intriganten doch, dass Sie den Kollegen oder die Kollegin darauf ansprechen werden. Wenn er nicht total abgebrüht ist, wird er sie erstaunt und etwas verlegen anschauen.

Auf gar keinen Fall dürfen Sie sich auf das Niveau des Intriganten herablassen oder dieses Verhalten ignorieren. Denken Sie an die Redewendung „Wo Rauch ist, ist auch Feuer" – und die anderen denken: „Da könnte doch was dran sein." Errichten Sie eine Art Frühwarnsystem mit Verbündeten, die helfen, einen Intriganten kaltzustellen. Meist finden sich Verbündete, denn jeder könnte das nächste Opfer sein.

Wenn Sie Informationen streuen wollen, dann erzählen Sie es den Plaudertaschen in Ihrem Kollegenkreis, deklarieren Sie die Botschaft als geheim und nicht zum Weitererzählen, dann können Sie sicher sein, dass sie weitergetragen wird. Es ist erschreckend, wie viele persönliche oder vertrauliche Informationen in einer Abteilung rumgequatscht werden. Wenn Sie auf ein Papier schreiben „Nicht lesen", „vertraulich" oder „Sei nicht so neugierig", können Sie sicher sein, es wird gelesen.

3. Der Moorfrosch (der Besserwisser)

Kennzeichen: Mit der Bescheidenheit eines Sokrates („Ich weiß, dass ich nichts weiß") kann er nichts anfangen. Der Moorfrosch weiß alles immer besser als alle anderen. Er kennt angeblich alle Leute, alle Strategien, alle Geschäftszahlen – und jeden Winkel des Unternehmens. Und das zeigt er jederzeit jedermann mit Hingabe. Seine Kompetenz verteidigt der Besserwisser mit unnachgiebiger Beharrlichkeit. Doch Achtung: Da er scheinbar alles weiß, können andere nicht alles wissen, sodass er diese auch in eher unwichtigen Details korrigiert. Hauptsache, er behält Recht. Neue Mitarbeiter kommen sich daneben wie Dummköpfe vor.

Bewertung: Meist handelt es sich um ältere Kollegen, aber es gibt auch jüngere Klugscheißer. Wer alles besser wissen will, fühlt sich in seiner (beruflichen) Position bedroht und will demonstrieren, dass er unersetzlich ist. Und noch eines: Es ist der tiefe Schrei nach Anerkennung – häufig kombiniert mit einem mangelnden Selbstbewusstsein.

Der Schrei nach Anerkennung

Gegenstrategie: Sachliche Diskussionen bringen wenig, weil er so lange diskutiert, bis er mit einem (richtigen) Detail wieder einen Treffer landen kann. Versuchen Sie, ihm etwas mehr Geduld zu schenken. Wenn sein Bedürfnis nicht befriedigt wird, setzt er sich umso mehr in Szene. Heißt: Bedanken Sie sich für seine Anregungen, loben Sie das umfassende Wissen des Kollegen Frosch und weiter geht's im Skript. Häufig ist es so: Wenn er sich erst einmal angenommen fühlt und seinen biotopischen Lebensraum genießen darf, tut er sich auch leichter, die Kompetenz der anderen zu respektieren. Und wenn er wirklich das Wissen hat, dann geben Sie ihm Verantwortung in einem Projekt – und er muss seinen Worten Taten folgen lassen.

4. Der Vogel Strauß (der Jammerlappen, Miesmacher, Nörgler)

Kennzeichen: Sonne sieht er nur als Zwischenspiel vor dem nächsten Regen. Gute Ideen sind äußerst kritisch und mikroskopisch zu analysieren. Man könnte ja auf die Schnauze fallen. Das nächste Projekt geht ganz sicher in die Hose. Innerlich frustiert und gekündigt vermiest der Berufspessimist den Alltag und muss auch den Kollegen die Sinnnlosigkeit ihres Handelns unter die Nase reiben.

Bewertung: Innerlich ist dieser Schwarzseher leer, vom Leben frustriert. Jammern ist für ihn der Schrei nach Aufmerksamkeit und die Suche nach weiteren Verbündeten, damit er in der Dunkelheit seines unterirdischen Pilgerweges wenigstens nicht ganz so einsam und im Unglück nicht allein ist.

Gegenstrategie: Vorsicht, das ewige Klagen und Jammern lässt sich normalerweise nicht umpolen – Aufmuntern ist zwecklos. Sie können ja mal einen Versuch starten und begründete Gegenvorschläge von ihm einfordern. Wenn konstruktive Vorschläge kommen, dann ist es in Ordnung. Vielleicht sieht er mitunter Fehler oder Versäumnisse. Nehmen Sie ihn als Fehlerindikator. Ansonsten lassen Sie sich nicht durch diesen zerstörerischen Typ anziehen. Ignorieren Sie schlichtweg den Miesmacher. Gehen Sie ihm ja nicht auf seine Leimrute. Lassen Sie den Vogel Strauß in seiner Einsamkeit. Wahrscheinlich wird er maulen und murren – egal. Eine andere wirkungsvolle Methode kann sein, seine Befürchtungen zu übertreiben, sie ins Irreale zu ziehen, um die Bruddelei zu entschärfen. Und wenn Sie ankündigen, das Projekt ohne ihn zu realisieren, kann es sein, dass er dann doch dabei sein will.

5. Der Pfau (der Blender)

Kennzeichen: Der Schein strahlt so hell wie eine 150-Watt-Glühbirne. Doch häufig ist nichts oder wenig dahinter. Von der dauernden Betriebsamkeit, vom forschen Auftritt und der rhetorischen Brillanz zeigen sich dennoch viele beeindruckt. Gute Ideen der Kollegen werden flugs übernommen, eventuell noch minimal abgeändert und als eigene Leistung verkauft. Blender haben eine Gabe, weitschweifig, orientalisch, verallgemeinernd und floskelhaft zu erzählen. Sie sagen, was eigentlich schon bekannt ist. Doch sie sagen es so schön und einlullend.

Bewertung: Dieser hemmungslose Typ hat über die vergangenen (Lebens-)Jahre festgestellt, dass es sich lohnt, schnell zu kapieren, anderer Wissen zu kopieren und kunstvoll zu kommunizieren. Dahinter steckt ein leerer Liebestank und damit verbunden ein permanenter Kampf um verbale Streicheleinheiten, um Lob und Anerkennung.

Gegenstrategie: Radikale Zurückhaltung mit exklusiven Informationen. Zwar ist der freie Fluss von Informationen in Abteilungen wertvoll, aber in diesem Fall sollten nur noch Allerweltsinformationen kommuniziert werden. Gute Vorschläge sollten direkt dem Chef zugespielt werden. Übrigens können Sie zu dem Pfau nett sein – wahrscheinlich hat er auch viel Charme. Aber hüten Sie Ihre Zunge – wie gesagt – bei Exklusivem. Beliebte Fragen sind nämlich: „An was arbeiten Sie gerade?" und „Das ist ja sehr interessant – was machen Sie da genau?". Ignorieren Sie diese Frage einfach. Außerdem hilft gezieltes Nachfragen, mangelnde Sachkenntnis beim anderen zu enthüllen. Aalglatt und fuchsschlau möchte er Ihnen dann nicht ins Netz gehen. Da hilft nur freundlich nachhaken, damit er ins Schwimmen kommt.

Hüten Sie Ihre Zunge!

6. Der Hausesel (das Arbeitstier)

Kennzeichen: Er hat sich in seinen diversen Zuchtformen von seiner wilden Urform zu einem tendenziell gutmütigen Lastentier entwickelt. Der Hausesel ist ausdauernd und tüchtig, man kann ihm viel aufhalsen und aufladen, was andere zwar auch können, aber nicht machen wollen. Das (er-)trägt er meist geduldig und ruhig. Er macht auch schnell mal was für andere zwischendurch. Kurz: Er kann nicht oder schlecht „Nein" sagen. Erst bei massiver Überlast wird er bockig. Da helfen auch keine Möhren, neudeutsch Incentives, wie z. B. Lob oder ein finanzielles Zuckerle. Ansonsten ist er dafür sehr zugänglich.

Bewertung: Der Esel ist ein Wasserträger für andere. Er möchte nicht in der ersten Reihe stehen, sondern versteckt sich lieber in der Gruppe. Von seiner zupackenden Art profitiert vor allem der Gorilla im Tiergehege. Er hat jemanden, der auf sein Kommando hört – Motto: Der eine sagt an, der andere setzt um. Der Urklassiker einer symbiotischen Beziehung.

Gegenstrategie: Der Esel ist mit sich selber im Reinen, wenn er beschäftigt ist. Hat er nichts zu tun, wird er bräsig und bockig (also nicht nur bei „zu viel", sondern auch bei „zu wenig" Arbeit). Esel sind treue Kumpane und eigentlich angenehme Zeitgenossen: Sie machen den anderen Tieren ihre Rolle nicht streitig, möchten lediglich in Form von Arbeit eingebunden sein. Treffen zwei Esel aufeinander, versuchen sie, sich die

Streicheleinheiten für den Esel

Arbeit abzujagen. Da ein Esel ziemlich lang ziemlich treuherzig ist, sollte er genug Streicheleinheiten („So gut wie Sie schafft das keiner", „Sie sind unser Aushängeschild", „Wenn unser Unternehmen mehr von Ihnen hätte, dann stünde unser Unternehmen (noch) besser am Markt da") bekommen.

Natürlich gibt es noch viel mehr Tiere im Zoo, z. B. die Auster (pflichtbewusst, immer anwesend, aber bloß nichts sagen), den Tölpel (besonderes Kennzeichen: Nichtskönner) oder die Schnecke (erledigt in der doppelten Zeit die Hälfte). Wir haben uns auf die wichtigsten Arten, vornehm Archetypen, beschränkt. Und noch ein kurzes Zwischenresümee: Jeder Mensch kann für den anderen zur Provokation werden – dauerhaft oder zeitweise. Wir Menschen haben einfach ein unterschiedliches Strickmuster, und wenn der andere mit einem anderen Muster daherkommt, dann stört das schnell. Der Introvertierte versteht den Vielredner nicht – und der Dynamiker den Langweiler nicht. Was für den einen ein sympathisches Lächeln, ist für den anderen ein doofes Grinsen.

Exkurs: Wissenschaft und das Miteinander in Gruppen

❏ Austauschtheorien
In einem Satz vereinfacht ausgedrückt, geht es bei diesen wissenschaftlichen Ansätzen darum, dass die Bilanz von Geben und Nehmen langfristig in sozialen Beziehungen ausgeglichen sein muss. Mit anderen Worten: Wer immer nur haben will und sich nicht positiv revanchiert, manövriert sich selbst ins soziale Aus.

❏ Prospekttheorie
Der US-Amerikaner und Ökonomie-Nobelpreisträger (2002) Daniel Kahnemann hat herausgefunden, wie ausgeprägt Menschen mitunter irrational entscheiden: Laufen sie Gefahr, finanzielle Verluste zu realisieren, gehen sie Risiken ein. Können sie dagegen Gewinne einheimsen, scheuen sie riskante Manöver. Das gilt nicht nur für Aktionäre, sondern auch bei Projekten: Verantwortliche weigern sich, bei fehlgeschlagenen Projekten rechtzeitig SOS zu funken und die Reißleine zu ziehen.

❏ Mobbing
„Mob" steht im Englischen für Pöbel und (Hunde-)Meute, da ist es nicht mehr weit bis zur Hetzjagd. Der Begriff beschreibt negative kommunikative Aktionen, die von einer oder mehreren Personen gegen eine Person gerichtet sind. Dies kommt sehr oft (Frequenz) und über einen längeren Zeitraum (Dauer) vor.

❏ Konflikt
Ein Konflikt entsteht, wenn unterschiedliche Meinungen und Haltungen aufeinander prallen (lat. „confligere" – zusammenschlagen, zusammenprallen). Ein Konflikt ist emotional und wird mit dem Bauch gelöst. Ein Problem dagegen ist sachlich definiert und wird mit dem Kopf gelöst.

Intrigenstadel

Warum Menschen mobben

In vielen Branchen boomt die Wirtschaft nicht mehr. Doch mindestens ein Wirtschaftszweig hat Hochkonjunktur – nämlich Mobbing. Es gibt diverse Gründe dafür. Nachfolgend eine gute Übersicht von Grünwald/Hille (*Mobbing im Betrieb*, S. 54 f):

Es gibt viele Gründe für Mobbing

❏ Angst, den Arbeitsplatz zu verlieren.
❏ Angst, dass Vorgesetzte von den Mitarbeitern nicht respektiert werden.
❏ Angst, die eigenen Schwächen könnten von anderen ausgenutzt werden.
❏ Angst davor, für dumm und inkompetent gehalten zu werden.
❏ Angst davor, dass der Kollege den besseren Job(alltag) hat.
❏ Angst vor Imageverlust gegenüber Kollegen, Vorgesetzten und Mitarbeitern.
❏ Angst davor, aus der Führungsposition gedrängt zu werden.
❏ Angst davor, dass Mitarbeiter nicht genug arbeiten, wenn sie nicht ständig kontrolliert werden.
❏ Angst vor Autoritätsverlust.
❏ Angst davor, dass andere einen Wissensvorsprung erhalten und diesen ausnutzen.
❏ Angst davor, dass Mitarbeiter Intrigen anzetteln.
❏ Angst davor, dass die Kosten im eigenen Bereich zu hoch werden, wenn sie nicht restriktiv eingreifen.
❏ Angst davor, dass jemand anders ihnen schaden könnte. Motto: Angriff ist die beste Verteidigung.
❏ Angst vor sexuellen Angeboten, die sich negativ auf Karriere oder Privatleben auswirken könnten.
❏ Angst davor, dass Tratsch und Klatsch in Umlauf gebracht werden.

❏ Angst, dass der Vorgesetzte ihre Leistung nicht (mehr) anerkennt.
❏ Angst, dass andere Kollegen ihre Ideen stehlen und als eigenes Werk verkaufen.
❏ Angst vor dem Verlust bestehender Vergünstigungen.
❏ Angst, den täglichen Anforderungen nicht mehr gewachsen zu sein.
❏ Angst vor Entlassung.

Was tun, wenn ich gemobbt werde?

Gehen Sie in diesen Schritten vor:

So wehren Sie sich

1. Analysieren Sie die Situation und das Mobbing-Umfeld.
2. Haben Sie gegen ungeschriebene Gesetze oder Gruppennormen verstoßen?
3. Beweisen Sie Rückgrat, treten Sie – so gut es geht – selbstsicher und schlagfertig auf.
4. Konfrontieren Sie den Mobber in einem Gespräch mit dem Sachverhalt, auf das Sie sich gut vorbereitet haben.
5. Schalten Sie eine Person Ihres Vertrauens ein. Das kann ein Betriebsrat oder Vorgesetzter sein.
6. Scheuen Sie sich nicht, professionelle Hilfe anzunehmen. Gehen Sie zu einer Beratungsstelle bzw. einem Rechtsanwalt.
7. Entscheiden Sie nach gemeinsamer Analyse, ob Sie weiterkämpfen oder kündigen.

Konflikte – die treuesten Weggefährten im Berufsleben

Wer im Beruf überleben will, muss sich im Konfliktmanagement auskennen. Komprimiert werden Ihnen gleich die wichtigsten Facetten vorgestellt. Es werden fünf Konfliktarten differenziert:

1. Verteilungskonflikte
   - Die klassische Konstellation dabei ist: zwei Parteien und ein Zankapfel.
2. Zielkonflikte
   - Zwei Parteien verfolgen unterschiedliche Ziele.
   - Oder: Mit einer Sache sollen widersprüchliche Ziele erreicht werden.
3. Rollenkonflikte
   - Eine Person wird in ihrer Rolle nicht anerkannt.
   - Eine Person kann sich mit der ihr zugedachten Rolle nicht abfinden.
   - Eine Rolle ist zu besetzen und eine oder mehrere Personen kämpfen darum.
4. Wahrnehmungskonflikte
   - Aufgrund verschiedener Blickwinkel, kultureller Prägungen, Erziehungsstile etc. wird die eigene Sicht als die einzig richtige verteidigt.
5. Beziehungskonflikte
   - Mitarbeiter können sich nicht riechen. Die sprichwörtliche Chemie stimmt nicht.

Die sechs Grundregeln positiver Konfliktbehandlung

1. Den anderen nicht das Gesicht verlieren lassen.
2. Seine eigene Selbstachtung wahren.
3. Sich in die Lage des anderen versetzen.
4. Verzicht, den anderen zu ändern.
5. Den eigenen Standpunkt strategisch klug vertreten.
6. Die Gefahr von Folgekonflikten reduzieren.

Die Kunst der Kritik

Kritisieren bzw. kritisiert zu werden ist die heikelste aller Kommunikationssituationen. Um auf Kritik angemessen zu reagieren, braucht man Fingerspitzengefühl. Das lässt sich trainieren, und zwar mit der 5-Schritte-Technik:

1. Kritik ist Feedback, kein Beinbruch und gehört zu einer (guten) Beziehung.
2. Kritik ist ein Stöckchen, das uns jemand hinhält. Wir entscheiden darüber, ob und wie wir darüberspringen. Versuchen Sie, auch wenn es schwerfällt, Sach- und Beziehungsebene zu trennen. Wenn wir gekränkt auf Kritik reagieren, liegt das neben früheren Verletzungen (mancher fühlt sich in seine Kindheitstage versetzt) vor allem daran: Wir hören Kritik nicht nur an, sondern formulieren sofort einen Anspruch, ein Gebot daraus.
3. Schalten Sie nicht gleich auf Schneckenhaus. Nehmen Sie Kritik selbstsicher an. Erklären Sie, wie es dazu gekommen ist (ohne sich bloß zu rechtfertigen: „Der andere …"). Und: Fragen Sie doch mal – nicht schnippisch – nach: „Was hätten Sie an meiner Stelle getan?" Das ehrt Sie (nimmt Rat an; will es beim nächsten Mal anders machen) und ihn (darf Rat geben).
4. Stehen Sie zu sich selbst. Kritik ist kein Weltuntergang. Das ist wichtig, damit der Kritikpunkt nicht zu einer Generalabrechnung mit Ihnen wird („Ich kann ja eh nichts", „Ich bin ein Versager").
5. Antwort suchen und Konsequenz daraus ziehen: Wie kann ich diesen speziellen Fehler künftig vermeiden? Es ist übrigens die beste Strategie, bei offensichtlichen Fehlern kritikfähig zu bleiben. Das steht für Größe und Klugheit. Was Bill Gates kann, können Sie auch: Der Microsoft-Gründer hat Mitte der 1990-er Jahre auf einer Analystenkonferenz offen eingeräumt, die Chancen des Internet falsch eingeschätzt zu haben – und präsentierte seine neue Strategie, mit voller Kraft in die Internet-Technologie einzusteigen.

Und wenn Sie mal selbst kritisieren müssen

Dann sprechen Sie das direkt und mit Begründung an – aber nicht wie eine Pauke, sondern wie eine Laute in einem freundlichen Ton. Wenn Ihnen etwas nicht passt, dann führen Sie keine Strichliste und kein Tagebuch und holen nach 15 „Vergehen" zum großen Schlag aus. Bitte keine Generalabrechnung, sprechen Sie das Störende zeitnah an. Für viele ist das schon ein Tabu, weil sie Angst davor haben, emotionale Probleme (im Gegensatz zur Sachebene) anzusprechen. Jedes Wort zählt dabei, weil der andere hinter jedem Wort und jeder Betonung (Mimik und Gestik) etwas wittert. Probieren Sie es doch einmal mit dieser Formulierung: „Darf ich Ihnen ausnahmsweise auch mal etwas Persönliches sagen?" Sie merken, das Wörtchen „ausnahmsweise" ist das Passepartout.

Loben statt Toben

Und vergessen Sie nicht: Es gibt auch positive Kritik. Loben statt Toben: „Ein freundliches Wort kostet nichts und ist doch das schönste aller Geschenke", meint Daphne du Maurier (1907-1989), die englische Romanschriftstellerin. Geben Sie auch positives Feedback Ihrem Chef, Ihrem Kollegen – dann ist der andere auch eher bereit, einmal Negatives zu verkraften.

Nützliche Regeln für das Konfliktgespräch

1. Minimum-Maximum-Ziel festlegen.
2. Sitzordnung festlegen.
3. Ihre schon vorhandenen Kenntnisse über den Konflikt schriftlich festlegen.
4. Dem Konflikt-/Gesprächspartner keinen Stempel aufdrücken. Jeder hat aus seiner (!) Sicht Recht.
5. Mit „Ich–Botschaften" arbeiten.
6. Immer mit einem Ergebnis enden: entweder das neue Verhalten festlegen oder vertagen (und gemeinsamen nächsten Termin finden).

Weitere Tipps:

❑ Eigene Konfliktsicht reflektieren
❑ Sichtweise des anderen darstellen
❑ Übereinstimmungen und Abweichungen visualisieren
❑ Kontrollierter Dialog und Verständnis zeigen
❑ „Das wirkt jetzt auf mich ..."
❑ „Das, was Sie sagen, empfinde ich ..."
❑ Lächeln statt Toben (Lächeln aktiviert 43 Gesichtsmuskeln.)
❑ Loben statt Toben
❑ Offenheit
❑ Aufeinander zugehen
❑ Hand reichen und vergeben

Mögliche Eskalationsstufen eines Konflikts

1. Verstimmung oder Verärgerung
   Der Ärger wird ausgesprochen oder nur in Gedanken gewälzt. Viele Ärgerlichkeiten gehen gar nicht weiter als bis zu dieser ersten Stufe und werden oft wieder vergessen. Der akute Ärger bleibt unausgesprochen, kommt jedoch bei einem Streit plötzlich doch noch auf den Tisch.
2. Debatte oder Streit
   Ärgerlichkeiten, die nicht verschwinden oder sich ständig wiederholen, kann man nicht mehr schweigend ertragen. Man will darüber reden, um es aus der Welt zu schaffen. Vielen Menschen fällt es jedoch schwer, unangenehme Dinge ruhig auszusprechen. Im Gespräch wirken sie dann angriffslustig und die Person, mit der der Verärgerte das Gespräch sucht, fühlt sich ungerecht behandelt. Konflikte werden fast nie in dieser Eskalationsstufe bereinigt.

3. Kontaktabbruch
   Der Verlierer eines Gesprächs meidet von nun an den Blickkontakt mit dem Gegner und geht weiteren Gesprächen aus dem Weg. Man spricht jetzt auch von „Schmollen". Für ihn besteht das Problem weiter. Die richtige Reaktion wäre nun zu sagen: „Ich bin immer noch verärgert."

4. Soziale Ausweitung
   Nur wenige Menschen fressen den Ärger in sich hinein, die meisten haben das Bedürfnis, sich auszusprechen. Dies kann in einem Gespräch mit Eltern oder Freunden geschehen, aber auch mit Kollegen und mit Kunden. Was viele Führungskräfte jedoch unterschätzen, ist, dass mancher Mitarbeiter so wütend ist, dass er sich sogar vor Kunden beklagt. Mancher Konflikt wird von selbst auf dieser Eskalationsstufe beendet, wenn der bisherige Verlierer zufrieden feststellt, dass er sich rächen konnte. Häufiger kommt es jedoch vor, dass ein Konflikt erst richtig handfeste Dimensionen annimmt, da unbeteiligte Dritte den bisherigen Verlierer noch in seinen Ansichten bestätigen und dieser zur Erkenntnis kommt: „Ich bin im Recht und muss etwas unternehmen."

5. Ideensammlung, Strategie und Planung
   Der Betroffene grübelt, was er tun könnte, z. B. Stellenanzeigen studieren oder rechtliche Auskünfte einholen. Je klarer er sich ausmalt, welche Möglichkeiten er hat, sich selbst zum Sieg zu verhelfen, desto besser wird seine Stimmung. Dies nimmt die Gegenseite als Zeichen der Erledigung des Konflikts. Der Betroffene fühlt sich nicht ernst genommen und steigert sich zur nächsten Eskalationsstufe.

6. Andeutungen, Warnungen, Drohungen
   Der Betroffene will endlich, dass die Gegenseite die Probleme als solche erkennt. Der bisherige Sieger soll merken, dass sein Sieg nicht so sicher ist, wie er dachte. Die Erkenntnis, dass die eigenen Andeutungen nicht verstanden werden, verärgert. Der Zorn treibt das Geschehen auf die nächste Eskalationsstufe.

7. Offene Angriffe und soziale Ausfälle

Der Betroffene steigert sich in negative Emotionen. Häufig wird der Gegenseite erst jetzt bewusst, dass der alte Konflikt der *zweiten* Eskalationsstufe noch offen ist. Jetzt geht es um die eigene Ehre, um den Hass auf die Gegenseite und um Rechtfertigung für die ganze peinliche Angelegenheit.

8. Rundumschläge
   Jetzt will man den Gegner treffen und allgemein verletzen. Es folgen Beleidigungen, die eine Versöhnung unmöglich machen. Bosheiten sind fast nie so gemeint, wie sie gesagt werden, aber auch eine Entschuldigung kann das nicht mehr in Ordnung bringen. Der bisherige Verlierer kann durch seine boshaften Rundumschläge kurzfristig zum Sieger werden. Der Sieger findet keine passende Antwort und die nächste Eskalationsstufe ist unausweichlich.

9. Krieg mit Vernichtungswille
   Bei manchen ist nun der Hass so groß, dass selbst Schäden für die eigene Person hingenommen werden, wenn es nur gelingt, den Gegner zu vernichten oder zumindest hart zu treffen. Als Führungskraft sollten Sie nicht unterschätzen, was sich an Wut in einem Mitarbeiter aufstauen kann. Verlassen Sie sich nicht darauf, dass ein erboster Mitarbeiter nichts tut, was ihm letztlich selbst schaden würde.

Bitte bedenken Sie: Viele Konflikte beruhen auf Missverständnissen! Menschliche Kommunikation ist Interpretation auf beiden Seiten. Jeder, ob verheiratet oder nicht verheiratet, kann davon ein Lied singen. Die meisten Menschen denken alttestamentarisch – Auge um Auge, Zahn um Zahn. Diese Rachsucht vergiftet. Es ist eine bewusste Entscheidung von Ihnen, ob Sie sich an diesem Schwelbrand-Spiel beteiligen.

Kennen Sie eigentlich eines der wirkungsvollsten, wenn nicht das wirkungsvollste Instrument der Konfliktlösung? Es ist die E-Technik – die Kraft, sich entschuldigen zu können. Dazu gehört aber wahre Größe und Ehrlichkeit. Denn zum Streiten gehören immer zwei! Sind nicht vielleicht auch Korrekturen in Ihrem eigenen Verhalten erforderlich? Wer außerdem seine

Viele Konflikte beruhen auf Missverständnissen

innere Haltung zu dem (Ekel-)Kollegen ändert, gewinnt für sich selbst. Übrigens, manchmal hilft auch etwas mehr Distanz zu dem Kollegen.

Konfliktvermeidung

Und wenn Sie es schaffen, dann lassen Sie es erst gar nicht so weit kommen – mit einem Frühwarnsystem zur Konfliktvermeidung:

1. Frauen haben in der Regel ein feineres Gespür für sich anbahnende Konflikte als Männer. Haben Sie deshalb ein offenes Ohr dafür, was Ihnen Frauen (z. B. Ihre Sekretärin) über Stimmungsschwankungen in Ihrer Abteilung sagen. Gehen Sie auch selber regelmäßig auf Ihre Sekretärin zu und fragen Sie nach Stimmungsschwankungen.
2. Nehmen Sie solche Stimmungsschwankungen ernst und bitten Sie die entsprechenden Mitarbeiter um ein Gespräch.
3. Nehmen Sie bei einem solchen „vorbeugenden Gespräch" überwiegend die Rolle des Zuhörers ein. Ihre Mitarbeiter möchten sich bei anbahnenden oder bereits bestehenden Konflikten aussprechen. Dadurch werden Konflikte im Vorfeld vermieden und bestehende Konflikte entschärft.
4. Besteht bereits ein Konflikt zwischen zwei oder mehreren Mitarbeitern, dann bitten Sie die Mitarbeiter getrennt voneinander zum ersten Gespräch. Anschließend können Sie entscheiden, ob weitere Einzelgespräche nötig sind oder ob bereits das gemeinsame Gespräch aller Beteiligten sinnvoll ist.
5. Setzen Sie sich alle zwei Monate mit Ihren Mitarbeitern zu einer Input-Output-Stunde zusammen. Lassen Sie Ihre Mitarbeiter frei und ohne Kritik über Probleme sprechen und hören Sie genau hin. Sichern Sie Ihren Mitarbeitern dort, wo es möglich ist, Abhilfe und Unterstützung zu. In schwieri-

gen Fällen sollten Sie zumindest einen Kompromiss suchen. In unlösbaren Fällen sollten Sie um Verständnis für die Situation oder für Ihre Entscheidung bitten.

6. Hängen Sie an die Input-Output-Stunde auch noch eine halbe Stunde zur freien Verfügung dran, bei der Sie die Kommunikationskarten mit dem Thema „Das wollte ich schon lange zwischen uns klären!" austeilen.

7. Kündigt ein Mitarbeiter, dann führen Sie oder ein anderer Mitarbeiter mit ihm ein Kündigungsinterview durch. Das ist für Sie ein wichtiges Mittel, um latente Konflikte in Ihrem Team aufzudecken. Kündigungsinterviews sind ebenfalls ein Frühwarnsystem.

8. Vermeiden Sie bei sich und bei Ihren Mitarbeitern zu lang andauernde hohe Stress-Situationen. Sie erhöhen das Konfliktpotenzial.

9. Seien Sie konsequent! Bei Konflikten mit Mitarbeitern, die auch nach mehreren Anläufen nicht zu lösen sind, sollten Sie sich sehr bald die entscheidende Frage stellen: *Hat* der Mitarbeiter ein Problem oder *ist* der Mitarbeiter das Problem? Im letzteren Fall bleibt ihnen nur die Versetzung dieses Mitarbeiters in eine andere Abteilung oder sogar die Trennung von diesem Mitarbeiter. Denn: Ein gutes Betriebsklima, das auch konfliktstabil ist, ist zwar wünschenswert, aber eine Firma ist kein Sanatorium.

10. Beschreiben statt bewerten schafft Sachlichkeit. Bewertung führt zwangsläufig zu Konflikten.

Der Stadtschreiber von Florenz, Niccolo Machiavelli, riet dem Fürsten, den besiegten Feind zu zerschmettern oder ihn zum Freund zu erheben. Meist ist der zweite Weg der bessere im Berufsleben. Und wenn Sie mal wieder eine Niederlage im Kollegenkreis einstecken müssen, dann beachten Sie: Wer es schafft, Niederlagen in eigene Siege umzudeuten, gewinnt an innerer Stärke und äußerer Unabhängigkeit. Und versuchen Sie – so gut es geht –, selbst in einem negativen Umfeld sich positiv abzuheben: Agieren Sie professionell, integer und verlässlich.

Wenn Sie Leistung zeigen und Erfolg haben, dann seien Sie sich sicher: Wenige Kollegen sind wohlwollend, einige neidisch und die meisten kritisch.

Weiterführende Informationen

Bücher:

Grünwald, Marietta/Hille, Hans-Eduard: *Mobbing im Betrieb*, Beck 2002
Kellner, Hedwig: *Konflikte verstehen, verhindern, lösen*, Hanser 2000
Neuberger, Oswald/Kompa, Ain: *Wir, die Firma*, Heyne 1993
Staehle, Wolfgang H.: *Management*, Vahlen 1999

13 **Work-Life-Balance**

Es gibt Menschen, die nicht leben, sondern gelebt werden.
Karl May (1842-1912)

Gartenarbeit ist eine Art Therapie gegen Stress.
Kim Wilde (*1960), Popsängerin und Landschaftsgärtnerin

Lebst du schon oder arbeitest du nur?

Auf diese Fragen werden Sie Antworten bekommen:

❏ Was versteht man eigentlich unter Work-Life-Balance?
❏ Warum ist dieses Thema so topaktuell?
❏ Welche zentralen Ursachen führen zur Missbalance?
❏ Wie erreiche ich die zu mir passende Work-Life-Balance?

Ein großes Wort und ein ewiger Dauerbrenner: Da zerren von allen Seiten und meist zugleich verschiedene (Rollen-)Erwartungen an einem: Freunde und Firma, Familie und Fitness. Kollegen, Kinder, Kegelclub. Großeltern und Schwiegereltern. Und die ganzen Pläne, Wünsche, Ziele (s. Kapitel 2) und Absichten. Offen, versteckt, heimlich und unheimlich. Da wünscht sich der Partner unbedingt noch ein Kind. Da möchte man selbst auf der Karriereleiter noch eine Sprosse nach oben steigen. Da wollen die Eltern ihren Lebensabend nicht im Heim verbringen und zu Hause gepflegt werden. Und eigentlich würde man am liebsten mal ein paar Monate alles hinschmeißen und einfach nur ausruhen, durchatmen, entspannen.

Der gordische Knoten Der eine kommt sich vor wie eine ferngesteuerte Marionette mit Dutzenden von Fäden, die in verschiedene Richtungen ziehen, die andere wie Superfrau ohne Superkraft. Ansprüche hier, Erwartungen dort. Fremde Pläne, eigene Pläne. Gordischer Knoten. Keine Lösung – geschweige denn ein Lösungsweg. Warum kommen immer mehr Menschen mit ihrem Leben immer weniger zurecht?

Warum ist Work-Life-Balance so wichtig?

Klar, wir wollen alle zufrieden, glücklich und ausgeglichen leben. Das ist das Ziel eines jeden Menschen. Work-Life-Balance ist das Schlüsselthema für einen langfristigen beruflichen und privaten und damit wirtschaftlichen Erfolg. Es ist der praktisch gelebte Ausgleich zwischen Berufs- und Privatleben. Immer mehr karrierebewusste und gerade auch scheinbar erfolgreiche Menschen kommen im Zusammenspiel von Berufs- und Privatleben aus der Balance – zulasten der physischen und psychischen Gesundheit. Natürlich ist es zeitweise möglich, außerhalb dieser Balance erfolgreich zu sein. Aber irgendwann kommt automatisch – wie ein ungebetener Gast – der Zeitpunkt des ersten Zusammenbruchs: Sinnkrisen, Eheprobleme, Burn-out, gesundheitliche Probleme sind nur einige Folgen aus einer langen Liste (s. Kapitel 5).

Ursachen, Kennzeichen und Konsequenzen einer Missbalance

Ursachen	Kennzeichen und Konsequenzen
Mehrfachbelastung durch Eltern, Ehe/Partnerschaft, Kinder, Job, Freunde und ehrenamtliches Engagement	Motto: „Wie bekomme ich alle meine Engagements auf die Reihe?" Man fühlt sich wie ein Jongleur mit zu vielen Bällen.
Perfektionismus	Falsche innere Antreiber: „Ich muss …" (s. Kapitel 5), Kontrollzwang und Selbstüberschätzung (Motto: „Ohne mich geht es nicht"). Ständiger Zeitdruck, Stress.

Jeder Modewelle hinterherlaufen	Anthropologisch ist der Mensch mehr auf Konstanz und Sicherheit als auf Hetze angelegt. Die häufigen Richtungswechsel bringen die innere Uhr aus dem Gleichgewicht.
Nichts verpassen dürfen	„Ich muss auf jeder Hochzeit tanzen", „keine Party ohne mich". Innere (und äußere) Unruhe, Hektik.
Alles haben müssen	Unzufriedenheit mit dem Status quo durch häufiges Vergleichen mit anderen („Was haben die? Das brauche ich auch!"). Permanentes Gefühl, zu kurz zu kommen, wenn ich das nicht bekomme …
Kompensation von Minderwertigkeitsgefühlen	Versuch, inneren Mangel durch äußere Statussymbole (Karriere & Co.) auszugleichen. Salzwasser-Syndrom: Der Genuss macht nur noch durstiger.
Selbstlügen wie „Ich habe alles im Griff" oder z. B. „Ich bin doch ein Familienmensch" oder „Ich mache das nur für xy"	Wir gaukeln uns vor, wie wir gern wären. Wohltäter-Syndrom („Der gute Mensch von …") bzw. Des-Kaisers-neue-Kleider-Komplex. Wir lügen uns in die Tasche und gehen dabei gesundheitlich vor die Hunde.

Falsche Vorbilder oder Neid	Kompensation eines Mangels. Hinterherlaufen hinter den Idealen anderer in der Annahme scheinbaren Lebensglücks.
Flucht in die Sucht: Alkohol, Tabletten und andere Drogen (darunter auch Arbeitssucht)…	Wenn man etwas nicht beseitigen kann, dann möchte man es abschwächen, unterdrücken, zukippen. Der Kater folgt buchstäblich auf den Rausch – und an der Situation hat sich nichts gebessert. Die Dosis muss fortwährend erhöht werden.
Falsches Lebenskonzept: Ich muss mich beweisen und produzieren, sonst bin ich nichts wert.	Öffentliche Anerkennung (Auszeichnungen, Beförderungen, Erwähnungen in den Medien …) als Treibstoff. Suchtfaktor: Es geht nicht mehr ohne. Viele Ex-Spitzenmanager und -politiker leiden darunter.

Aktualität gewinnt das Thema Work-Life-Balance nicht nur durch eine ständig zunehmende Anzahl von Büchern und Seminaren, sondern auch durch den weiter wachsenden Druck auf Mitarbeiter und Führungskräfte in der Wirtschaft. Die einen haben zu viel Arbeit (weil immer weniger immer mehr leisten müssen). Die anderen haben zu wenig oder keine Arbeit. Und die Dritten haben die falsche Arbeit. Und stets gilt: Beruflicher Erfolg um jeden Preis kostet seinen Preis. Arbeitsverdichtung ist die Geißel der Neuzeit: immer mehr arbeiten und immer schneller. Ein TV-Korrespondent muss heute an manchen Tagen zehn ARD-Sendungen beliefern.

Arbeitsverdichtung

Schuften, bis der Arzt kommt

Beispiel Philipp B., ein Marketingdirektor: „Ich habe nicht nur tagsüber gearbeitet, sondern mir auch die eine oder andere Nacht um die Ohren geschlagen. Jede Woche war ich unterwegs und sah öfter ein Hotelzimmer als meine eigene Wohnung. Im Schnitt war eine 60-Stunden-Woche nichts Außergewöhnliches. Es dauerte nicht lange und ich fühlte mich total ausgebrannt." Viel Geld, aber so gut wie kein Privatleben, das war das Ergebnis.

Inzwischen hat der 37-Jährige seine berufliche Situation radikal umstrukturiert. Er arbeitet jetzt häufiger nicht mehr länger als 40 Stunden, verdient zwar weniger Geld, hat aber mehr Zeit für Familie und Privatleben.

Mit anderen Worten: Sie entscheiden, was Sie wollen. Raus aus dem schicksalhaften Hamster-Laufrad. Machen Sie es wie Klinsmann:

Ein konkretes Beispiel für gelebte Work-Life-Balance hat der ehemalige Bundestrainer Jürgen Klinsmann bei und nach der Fußball-WM 2006 demonstriert.

Noch wenige Wochen vor der Weltmeisterschaft regnete heftige Kritik auf den Bundestrainer herab. Kaum jemand glaubte, dass die deutsche Mannschaft die Vorrunde der WM überstehen würde – geschweige denn das kleine Finale gewinnt.

Aber dann kam alles ganz anders. Dass Deutschland den dritten Platz erreichte, war vor allem der Persönlichkeit und den Managerqualitäten des Bundestrainers zu verdanken. Seine Zuversicht und sein Vertrauen in die Mannschaft, sein Optimismus und seine Standfestigkeit trotz vielfältiger, teils sehr persönlicher Kritik waren fußball-übergreifend und begeisterten die Republik. Ein ganzes Land feierte ihn und seine Mannschaft so euphorisch, als ob sie Weltmeister geworden wären.

Dann stand die bange Frage im Raum: Wird er als Bundestrainer weitermachen? Selbst seine ehemals schärfsten Kritiker wurden zu Befürwortern fürs Weitermachen. Die Medien überschlugen sich mit Komplimenten. Eine ganze Nation drängte ihn förmlich dazu. Klinsmann erbat sich Bedenkzeit, um vor allem mit seiner Familie Rücksprache zu halten. Doch dann kam die große Ernüchterung. Auf einer Pressekonferenz teilte er wörtlich mit: „Ich habe das Gefühl, ausgebrannt zu sein, und werde mir erst einmal ein halbes Jahr Urlaub gönnen und in keinster Weise etwas anderes annehmen."

Und noch etwas können wir von dem Schwaben und früheren Stürmer Klinsmann lernen: Seine gelebte Unabhängigkeit von Kritikern und Verehrern hat seiner Popularität nie geschadet. Ganz im Gegenteil: Die Achtung vor der Person Jürgen Klinsmann ist durch diesen Schritt eher noch gestiegen. Menschen, die es allen recht machen möchten, kommen sehr schnell aus dem Gleichgewicht und verlieren meistens neben der körperlichen und emotionalen Gesundheit auch noch die Achtung der Menschen, für die sie bereit waren, vieles oder vielleicht sogar alles zu opfern.

Hier erleben wir Work-Life-Balance in Reinkultur. Er nimmt sich eine Auszeit – ein Sabbatical. Jürgen Klinsmann war die Wiederherstellung der eigenen Balance wichtiger als beruflicher Erfolg und Ruhm.

Wir haben in vielen Seminaren und anhand diverser Studien erfahren, dass Frauen und Männer langfristig am effektivsten arbeiten, wenn sie eine gesunde Balance zwischen bezahlter Arbeit und Privatleben finden. Das bedeutet vor allem, dass sie über genug Zeit und Energie verfügen, um ein verantwortungsbewusstes und erfülltes Privatleben führen zu können. Kurz: Es geht darum, früh genug die richtigen (Lebens-)Prioritäten zu setzen. Die Ambivalenz besteht darin, dass Erfolg mit viel Arbeit verbunden ist und zielgerichtetes Handeln erfordert. Die einen müssen arbeiten, damit sie Erfolg haben. Die anderen, weil

Wann nehmen Sie eine Auszeit?

sie Erfolg haben. Wenn sich allerdings der Stress zum Selbstzweck entwickelt, bleiben Persönlichkeit und private Beziehungen meist auf der Strecke.

Exkurs: Wissenschaft und Work-Life-Balance

Beschäftigte in der IT-Branche leiden bis zu viermal häufiger als der Durchschnittsdeutsche an Burn-out-typischen Beschwerden wie Müdigkeit, Magenproblemen und Schlafstörungen, so das Untersuchungsergebnis des Instituts für Arbeit und Technik im Wissenschaftszentrum Nordrhein-Westfalen. Die in der Branche übliche Projektarbeit gehe mit permanentem Zeitdruck, widersprüchlichen Anforderungen und ausufernden Arbeitszeiten einher.

Und für alle Arbeitnehmer gilt: Wer am Arbeitsplatz unzufrieden ist, verdoppelt sein Risiko für Herz- und Kreislauferkrankungen, haben Verhaltensmediziner herausgefunden.

Urlaub

Beispiel USA: Im Durchschnitt stehen Beschäftigten in den USA 14 Tage bezahlter Urlaub zu. Und von diesen zwei Wochen lassen US-Amerikaner statistisch betrachtet drei bis vier Tage verfallen. In den USA errechnet sich die Anzahl der Urlaubstage übrigens nach dem Dienstalter: Nach drei Jahren gibt es im Durchschnitt elf Tage, nach zehn Jahren 16,2 Tage und nach 25 Jahren 19,3 Tage – so eine aktuelle National Compensation Survey. Zum Vergleich: In Deutschland werden durchschnittlich 29 Tage bezahlt. Selbstständige machen laut einer DIW-Untersuchung durchschnittlich nur 14 Tage Urlaub.

Glückshormone durch Singen

Sport ist für die persönliche Balance sehr wichtig. Und was können Sie tun, wenn Sie vollkommen unsportlich sind (was übrigens bei 99,5 Prozent der Bevölkerung nicht der Fall ist)? Dann singen Sie doch in einem Chor mit. Untersuchungen haben gezeigt, dass das Gehirn beim Singen Glückshormone ausschüttet und das Gemeinschaftsgefühl gestärkt wird. Eine Befragung unter Mitgliedern eines US-Universitätschors ergab, dass sich 79 Prozent nach den Proben weniger gestresst fühlten. Beispielsweise singen im „LeaderChor Berlin" Führungskräfte als Hilfe zur Stressbewältigung. Alternative: Musizieren Sie.

Leben Sie heute!

Ursula Feist vom Sozialforschungsinstitut Psephos in Potsdam kennzeichnet die klassische Situation von Workaholics so: „Sie begreifen die ersten Jahre im Job als Investition in die Zukunft und stellen das Privatleben erst mal zurück." Management-Trainerin Sabine Asgodom meint dazu: „Sie leben in der Zukunft, sie ertragen das Jetzt nur und verschieben alle Wünsche und Hoffnungen auf später." Bereits Pythagoras empfahl stattdessen: „Das Gestern ist fort, das Morgen nicht da: Leb' also heute!"

Entwickeln Sie Ihr eigenes Frühwarnsystem

Auf den folgenden Seiten wollen wir Ihnen weitere praktische Hilfen an die Hand geben, wie Sie analysieren können, in welcher Phase Sie sich persönlich gerade befinden.

Manchmal ist es unumgänglich, Überstunden zu machen. Wenn Sie für eine Firma arbeiten, in der Überstunden selbstverständlich sind, werden Sie sich dem nicht einfach verweigern können. Was Sie aber tun können: entweder den Arbeitgeber wechseln, ohne dabei vom Regen in die Traufe zu kommen (was zugegeben nicht immer einfach ist) – oder diese Gegebenheit „managen": Wenn Sie Überstunden anhäufen, sei es aus finanziellen Gründen oder wegen besserer Aufstiegschancen, beachten Sie bitte, dass die Ressourcen Ihrer inneren Batterie begrenzt sind. Am wichtigsten ist es in diesem Fall, „Nein" zu sagen, wenn Sie zu müde sind, wenn Ihre Gesundheit beeinträchtigt wird oder wenn familiäre Verpflichtungen nicht zu verschieben sind (s. Kapitel 6).

Work-Life-Balance ist ganz sicher keine leichte Aufgabe mit schnellen, kurzfristigen Lösungen nach Kochbuchrezeptur. Ganz offen gesagt: Sie brauchen zweierlei: ein hohes Maß an Ehrlichkeit zu sich selbst und an Veränderungsbereitschaft. Wenn Sie das nicht haben, lesen Sie jetzt am besten nicht mehr weiter.

Eine unserer Hauptaufgaben im Leben beruflich wie privat heißt: Probleme lösen.

Für die meisten von uns ist es eine permanente Herausforderung, Stress zu reduzieren bzw. gar nicht erst aufkommen zu lassen. Sprich, Harmonie in den Schlüsselbereichen unsres Lebens zu erzielen.

Bevor Sie vom Lesen zum praktischen Anwenden kommen, lehnen Sie sich doch einfach einmal entspannt zurück und nehmen sich eine Tagesschaulänge Zeit für eine Meditation.

Setzen Sie sich in einen bequemen Sessel. Denken Sie bitte jetzt nicht an die Dinge, die Sie noch erledigen wollen, das kann später geschehen (notieren Sie sich dies vorher noch auf einem Extrazettel, damit der Kopf frei davon ist). Versetzen Sie sich gedanklich in folgende Situation:

Vor Ihrem geistigen Auge sehen Sie die Feier Ihres 80. Geburtstages. Sie betreten den wunderschön dekorierten Raum und empfinden große Freude über das Fest, das Ihre Lieben, Ihre Freunde und Mitstreiter aus allen Lebensbereichen für Sie vorbereitet haben.

Sie sehen die erwartungsvollen Gesichter von lieben Kollegen, Freunden und Angehörigen.

Alle diese Menschen sind gekommen, um Ihnen zu gratulieren, Ihnen Liebe und Anerkennung für Ihre bisherigen Leistungen auszusprechen. Sie stammen aus Lebensbereichen und -phasen Ihrer vergangenen 80 Jahre – als Vater oder Mutter, als Lehrer, als Freund, als Manager, als Kollege, als ehrenamtlicher Helfer im Dienste der Allgemeinheit. Sie haben diese Rollen und Aufgaben nach besten Kräften erfüllt.

Vier dieser Menschen halten jetzt eine kurze Ansprache:

❑ Der Erste ist jemand aus Ihrer Familie, der engen oder auch weiteren – Kinder, Brüder, Schwestern, Nichten, Neffen, Tanten, Onkel, Cousinen und Vettern, die aus dem ganzen Land angereist sind, um mit Ihnen zu feiern.

❑ Der zweite Sprecher ist einer Ihrer Freunde. Jemand, der einen Eindruck davon vermitteln kann, wie Sie als Persönlichkeit sind.

❑ Der dritte Sprecher stammt aus Ihrer Berufswelt.

❑ Der vierte Sprecher kommt aus einer Organisation – z. B. dem Verein, bei dem Sie sich engagiert haben.

Nun denken Sie bitte intensiv nach – und lassen Sie sich dabei bitte genügend Zeit:

❑ Zentrale Frage: Was würden Sie von jedem der Redner gern über sich und Ihr Leben hören?

❑ Welche Art von Ehepartner, Vater oder Mutter sollen die Worte beschreiben? Welche Art von Sohn, Tochter, Vetter oder Cousine? Welche Art von Freund? Welche Art von Kollege?

❑ Welchen Charakter sollen die Reden beschreiben?

❑ An welche Beiträge und Leistungen sollen sie erinnern?

Schauen Sie sich die Anwesenden sorgfältig an. Was hätten Sie gern zu deren Leben beigetragen?
Jetzt nehmen Sie sich bitte einige Minuten Zeit. Schließen Sie Ihre Augen und stellen sich diese vier Reden vor!

In dieser Übung haben Sie einen Moment lang Ihre tiefen fundamentalen Werte berührt. Sie haben kurzen Kontakt zu dem inneren Führungssystem im Herzen Ihres Einflussbereiches aufgenommen. Sie haben Ihr jetziges Tun im Kontext des Ganzen, also ihres gesamten Lebens, betrachtet. Dadurch erkennen Sie, was Ihnen wirklich wichtig und wesentlich ist.
Sie verlassen jetzt die schöne Feier, Sie gehen zurück in Ihre Wohnung – zurück in das Hier und Jetzt. Jetzt haben Sie durch

> Wenn Sie schon heute das „Ende" im Hinterkopf behalten, können Sie sicherstellen, dass nichts, was sie tun, die Kriterien verletzt, die Ihnen wirklich wichtig sind. Dann ist jeder Tag ein wertvoller Beitrag zu der Vision, die Sie von Ihrem Leben als Ganzem haben.

die kurze Meditation ein Fundament, auf dem Sie Ihre individuelle Work-Life-Balance aufbauen können.

Beantworten Sie sich folgende neun Fragen:

❏ Was ist das absolut Wichtigste, das ich in meinem Leben erreichen will?
❏ Was macht mich im tiefsten Inneren zufrieden und glücklich?
❏ Haben diese Dinge etwas mit Geld oder anderen materiellen Dingen zu tun?
❏ Womit verbringe ich die meiste wertvolle Zeit in meinem Leben?
❏ Wo sind meine Talente, mit denen ich Erfolg und private Erfüllung haben bzw. aufbauen kann?
❏ Was hat mir in der Vergangenheit (z. B. Jugendzeit) Freude gemacht?
❏ Was kann ich weniger gut und wovon sollte ich besser die Finger lassen?
❏ Wann und wodurch finde ich innere Ruhe?
❏ Welche (Lebens-)Lügen glaube ich?

Leere Siege

Der US-amerikanische Managerberater und Bestsellerautor Stephen Covey bringt die Problematik mit einem Bild auf den Punkt: „Viele Menschen stellen oft erst spät fest, dass sie leere Siege errungen haben. Sie haben härter und härter für die nächste Sprosse der Erfolgsleiter gearbeitet, um dann zu entdecken, dass die ganze Leiter an die falsche Mauer gelehnt ist."

Versöhnt mit Beruf, Gesundheit und Beziehung

An dieser Stelle möchten wir Ihnen für die drei wichtigen Lebensbereiche

❏ Beruf,
❏ Gesundheit und
❏ Beziehung

nützliche und erprobte Ausbalancierungs-Tipps mitgeben.

Spannungsfeld Beruf

Viele Themen in diesem Buch handeln davon, wie Sie Ihr berufliches Leben besser organisieren können: Ob persönliches Zeit- oder Zielmanagement oder der Umgang mit Chef und Kollegen – jetzt verfügen Sie wie ein Tennis- oder Fußballspieler über ein nützliches Instrumentarium und Spielrepertoire. Es muss freilich auch sinnvoll eingesetzt werden. Manchmal helfen allerdings auch die besten Techniken und Trainingspläne allein nicht weiter: Je stärker Sie in Missbalance geraten sind, umso stärker müssen auch die Gegenmaßnahmen sein, damit sie greifen. Manchmal hilft nur noch ein Jobwechsel oder ein Karrierestopp. So hat der Deutschland-Chef vom Microsoft, Jürgen Gallmann, im Alter von 44 Jahren das Handtuch geworfen, weil er mehr Zeit seiner Familie schenken wollte. Für andere kann es ein Sabbatical sein – ein halbes oder ein ganzes Jahr Berufsausstieg. TV-Unterhalter und Komiker Hape Kerkeling hat sich 2001 eine mehrmonatige Auszeit gegönnt, wie er das bereits in den Jahren zuvor immer wieder getan hatte. Er begab sich auf den Pilgerweg nach Santiago de Compostela und schrieb darüber den Bestseller *Ich bin dann mal weg*. Für einen anderen kann es das „Entrümpeln" von zu vielen privaten Aktivitäten

Ich bin dann mal weg

wie Verein, Ehrenämter, karitative Aufgaben, Umzugshilfe für alle Freunde und Verwandten usw. sein.
Hier noch weitere praktische Tipps:

❑ Führen Sie ein Tagebuch für eine Woche (ein persönliches Wohlfühl-Tagebuch).

❑ Notieren Sie alles an beruflichen und privaten Anforderungen. Entscheiden Sie, was unbedingt notwendig ist und welche Dinge Ihre Seele ernähren bzw. bei welchen Aktivitäten Sie auftanken können.

❑ Streichen Sie alle Aktivitäten, die nicht unbedingt nötig sind, oder versuchen Sie, diese zu delegieren.

❑ Kommunizieren Sie klar und eindeutig. Versuchen Sie, zeitaufwändige Missverständnisse zu reduzieren. Dies geschieht auch dadurch, dass Sie genau zuhören, wenn Kollegen Ihnen etwas vermitteln möchten. Wiederholen Sie, fassen Sie zusammen, ob Sie das Gesagte richtig verstanden haben.

❑ Schaffen Sie sich Rituale: Versuchen Sie, sich einen Tag in der Woche ganz frei von beruflichen Inhalten zu gönnen. Bedenken Sie, wenn selbst der Schöpfer des Universums diese Regelung als förderlich empfindet, wie viel mehr brauchen Sie mit weit begrenzteren Ressourcen diese Oase der Erfrischung. Und: Es nützt wenig, früher nach Hause zu kommen, wenn dann ständig das Handy beruflich klingelt und stört.

❑ „Slow down": Das Leben ist zu kurz, um nur einfach von einem Termin zum nächsten zu hecheln. Lothar J. Seiwert, der bekannte Zeitmanagement-Spezialist, spricht in diesem Zusammenhang von „Entschleunigung" des Alltags. Unternehmen Sie Schritte, um die Menschen und Dinge um Sie herum bewusster wahrzunehmen. Über wen und was können Sie sich dabei freuen? Sie brauchen positive Erlebnisse – wie jeder Mensch. Planen Sie, wenn möglich, mehr Zeit zwischen beruflichen Meetings ein.
Verplanen Sie nicht jedes Wochenende oder jeden Abend. Arrangieren Sie sich mit Umständen, die Sie nicht ändern können. Freuen Sie sich auf den nächsten Warmbadetag in der

Wanne mit Ihrem Baby. Nehmen Sie sich dafür bewusst viel Zeit, zelebrieren Sie das Baden und lassen Sie sich von der Freude des Kindes anstecken.

Versuchen Sie, eine zeitliche Distanz zwischen die Dinge, die Sie am meisten stressen, und sich selbst zu schaffen. Das ermöglicht Freiräume, Probleme von einer ganz anderen Perspektive zu betrachten.

Stopp! Bevor Sie weiterlesen: Was können Sie bei sich ändern? Welchen Tipp wollen Sie ausprobieren? Jetzt und nicht später. Heute und nicht morgen. Wir Menschen sind nämlich alle Weltmeister – der Verdrängung.

Spannungsfeld Gesundheit

Die aktuelle Wellness-Welle zeigt, wie wichtig das Thema Gesundheit geworden ist.

Auch in der Geschäftswelt ist mittlerweile ein ganz anderes Bewusstsein für körperliche Fitness erwacht. Immer mehr, wenn auch immer noch zu wenig, hart arbeitende Manager planen bewusst körperliche Fitness in ihren Tagesablauf ein.

Gerade für die Gesundheit gilt weiter die uralte Weisheit: Vorbeugen ist besser als Nachsorgen. Komisch ist nur: Wir wissen das zwar, scheren uns aber meist nicht darum. Theoretisch wissen die meisten, wie wir uns gesund ernähren könnten. Doch der leidige Alltag … Sie auch? Ähnliches gilt für die sportliche Fitness: Der Fitnessguru Dr. Ulrich Strunz propagiert tägliches 30-minütiges Laufen. Die wenigsten werden das schaffen. Wer zwei- bis dreimal in der Woche es zum Laufen schafft, hat sich schon prima organisiert und viel für seine Gesundheit getan. Volker Schlöndorff, Regisseur und 1980 Oscar-Gewinner für seine Verfilmung des Günter-Grass-Romans *Die Blechtrommel*, hat sich aufs Laufen verlegt, um sein „seelisches Gleichgewicht wiederzukriegen". Seitdem sei er wieder gut drauf und habe dadurch auch Lauffreunde gewonnen. „Das hat mir geholfen, über dieses Loch wegzukommen", dass er während seiner

Zeit als Geschäftsführer des Studios Babelsberg „praktisch als
Regisseur abgeschrieben" war. Dem Adidas-Chef Herbert Hai-
ner fallen „beim Joggen die besten Lösungen" ein.
Finden Sie heraus, welche Sportart am besten zu Ihnen passt.
Denn nur dann freut man sich darauf. Alles andere ist Qual und
das Engagement endet meist ziemlich abrupt. Gerade bei leis-
tungsorientierten Managern ist es besonders wichtig, auch hier
nicht zu übertreiben. Ansonsten wird der „Sport zum Selbst-
mord". Nur die tragischen Todesfälle wandern dann durch die
Medien. Auf diesen besonderen Ruhm verzichtet jeder sicher
gern.
Gestalten Sie Ihre sportlichen Aktivitäten unter dem Motto
„Wiederherstellung körperlicher Reserven" und nicht mit dem
Ziel sportlicher Höchstleistung bis zur totalen Erschöpfung.
Wer so powert, ist schnell ausgepowert. Das körperliche Immunsystem wird geschwächt und statt mehr Fitness kommt im
besten Fall nur Schlappheit, meist ist gar Krankheit im Anflug.
Versuchen Sie, Aktivitäten zu entdecken, die Sie mit Ihrem
Partner oder der ganzen Familie ausüben können. Beispiel
Paarsport: Wie wäre es mit einem flotten Tänzchen? Wichtig ist
nur, es muss wirklich beiden Spaß machen. Ansonsten sind Frust
und Stress vorprogrammiert. Übrigens, mancher Mann hat
dabei entdeckt, dass er doch nicht so unmusikalisch ist und der
Frau nicht ständig auf den Füßen herumtrampelt.
Auch wenn das Folgende vielleicht banal klingt und Sie an Ihre
Kindheit erinnert: Achten Sie darauf, genug Schlaf zu bekommen. Mehrere Untersuchungen haben ergeben, dass viele Menschen zu wenig schlafen. Dabei nehmen viele sogar fälschlicher-
weise an, sie hätten ausreichend Schlaf. Es gibt fast nichts, was
auf Dauer stressiger und gefährlicher ist als permanentes Schlaf-
defizit. Nicht nur die Produktivität leidet, sondern auch die
Fehlerhäufigkeit steigt enorm. Die Folge: Sie müssen länger
arbeiten, um die Fehler wieder auszubügeln. Also versuchen Sie
bitte nicht, Napoleon Konkurrenz zu machen, der mit rund vier
Stunden Schlaf ausgekommen sein soll. Nicht nur zu wenig,
auch schlechter Schlaf ist ungesund: Eine britische Langzeit-

studie der Universität Oxford hat herausgefunden, dass Schlaf-störungen ein Risikofaktor für psychische Störungen sind und sogar schizophren machen können.

Spannungsfeld Beziehung

Schon Friedrich Schiller wusste, dass Beziehungen für ein erfolgreiches Berufs- und Privatleben unerlässlich sind: „Wir könnten viel, wenn wir zusammenstünden." Oft leiden unsere Beziehungen zur Familie und zu Freunden unter den beruflichen Anforderungen. Hier ist Umdenken angesagt. Denn nicht das Nacheinander, sondern das Nebeneinander von Beruf und Privatleben ist ein wesentlicher Schlüssel zum wahren Erfolg. Work-Life-Balance ist nicht für die ferne Zukunft gedacht, sondern meint die unmittelbare Gegenwart im Hier und Jetzt. Besonders deutlich wird dies, wenn Sie Kinder haben: Sie können die Zeit nicht zurückdrehen. Ihre Kinder werden eines Tages die Familie verlassen, um ihr eigenes Leben zu leben. Auch wenn Sie Ihren Kindern immer wieder versichern: „Ihr könnt jederzeit bei Problemen zu mir kommen", werden sie dies nur in Anspruch nehmen, wenn Sie als Eltern Zeit und Energie in einen kontinuierlichen Beziehungsaufbau gesteckt haben.

Oft meinen wir vordergründig, dass Beziehungen sich vor allem auf den privaten Bereich beziehen, und vergessen, wie wichtig Beziehungsfähigkeit gerade auch im Beruf ist. Denken Sie an Ihren Vorgesetzten, Ihre Kollegen, Ihre Kunden. Für den beruflichen Erfolg ist es entscheidend, dass Sie tragfähige Beziehungen zu allen Menschen innerhalb Ihres professionellen Zirkels pflegen. Versuchen Sie, diesen Menschen echte Wertschätzung entgegenzubringen.

Hier noch weitere praktische Tipps, um Ihren Beziehungen wieder den Stellenwert zu geben, den sie verdienen:

❏ Die Zeit und Energie, die Sie im Privaten in zwischenmensch-liche Beziehungen investieren, wird für Sie eine tragfähige Brücke auch für den beruflichen Erfolg.

❏ Sie brauchen unbedingt gesunde Beziehungen, gerade auch mit Menschen im Berufsalltag. Versuchen Sie, sich auch einen Freundeskreis aufzubauen, der nichts mit Ihrem Beruf und Ihrer Branche zu tun hat. So kommen Sie auf andere Gedanken, weil die Trennung zwischen Job und Privatzeit leichter fällt.

❏ Soziale Kontakte versorgen uns mit Energie: Mehr als 90 Prozent unserer glücklichen Momente im Leben haben mit der Beziehung zu anderen Menschen zu tun.

Transzendente Blickrichtung

Was treibt Ihr Leben an?

Eine der wichtigsten Fragen, die Sie sich in Bezug auf die Wiederherstellung der Lebensbalance stellen sollten, ist die Frage: „Was treibt mein Leben an?"

Wenn Sie sich diese Frage nicht stellen, kann es sein, dass die wesentlichen Ursachen für ein erlebtes Ungleichgewicht in den verschiedenen Lebensbereichen unentdeckt bleiben.

Jeder Mensch wird von irgendetwas angetrieben. Und oftmals ist ihm das gar nicht bewusst. Rick Warren, Autor des Megasellers *Leben mit Vision* mit einer weltweiten Auflage von mehr als 20 Millionen Stück (englischer Titel: *A purpose driven life*), nennt fünf der häufigsten „Antreiber":

1. Schuld
   Viele Menschen, schreibt er, werden vor allem von einer nicht bewältigten Schuld angetrieben. Sie versuchen, ihr ganzes Leben lang diese und die daraus entstandenen Schamgefühle zu verdrängen und zu verbergen. Damit erlauben sie der Vergangenheit, die Zukunft zu kontrollieren.

2. Wut und Bitterkeit
   Wir sind alle von anderen Menschen mehr oder weniger schwer verletzt oder enttäuscht worden. Allerdings schadet

das Festhalten an Groll und Bitterkeit uns selbst mehr als dem Täter.

3. Angst
   Ängste sind oft das Produkt von traumatischen Erlebnissen, vor allem in der Kindheit. Viele Menschen leben im Gefängnis ihrer Ängste und vermeiden alles, was mit Risiken verbunden ist.

4. Materielle Wünsche
   Unsere Gesellschaft und damit auch unsere Wirtschaft sind sehr stark von dem Wunsch nach materiellen Gütern verschiedenster Art geprägt. Wir sitzen dem irrigen Glauben auf, dass mehr Besitz glücklicher, wichtiger und sicherer macht. Die Glücksforschung hat das widerlegt.

5. Das Bedürfnis nach Anerkennung
   Oft haben wir von unseren Eltern nicht die Anerkennung bekommen, die wir für ein gesundes Selbstwertgefühl brauchen. Dadurch stehen wir in der Gefahr, es jedem recht machen zu wollen. Wir verlieren dadurch oft genau die Anerkennung bzw. Achtung, nach der wir uns so sehnen.

Als Christ geht Warren davon aus, dass jeder von uns von einem Schöpfergott einzigartig geschaffen worden ist. Und dass dieser Gott spezielle Begabungen und Talente in jeden hineingelegt hat. Er kennt Ihre Schuld, Ihre Wut, Ihre Angst und Ihre Verletzungen. Nicht nur, dass er Sie davon befreien möchte, vor allem möchte er Ihnen helfen, ein sinnerfülltes, befriedigendes Leben zu führen. Deshalb schreibt Warren, sei nichts wichtiger, als die Ziele Gottes für Ihr Leben zu kennen. Damit Sie nicht der Lebenslüge „Berufserfolg = Lebenserfolg" aufsitzen.

Die Ziele Gottes für Ihr Leben

Hape Kerkeling hat sich auf den 38-tägigen, rund 600 Kilometer langen Pilgerweg durch Frankreich und Spanien nach Santiago de Compostela gemacht – und dabei auch auf die Suche nach sich selbst und die Suche nach Gott. Es gibt eigentlich nichts Erfüllenderes als die Entdeckung der eigenen Einzigartigkeit. Wir möchten Ihnen Mut machen, trotz mancher Verletzungen sich auf den Weg zu machen, damit Sie die Ihnen noch verborgenen Seiten Ihrer Persönlichkeit entdecken und ein sinnerfülltes Leben in der Balance mit sich und anderen führen. Das ist dann nicht oberflächliche Balance, sondern Balance mit Tiefenwirkung. Wer keine klare Lebensvision hat, ist Energieverschwender.

Weiterführende Informationen

Bücher:

Asgodom, Sabine: *Balancing – das ideale Gleichgewicht zwischen Beruf und Privatleben*, Ullstein 2005
Cobaugh, Heike M./Schwerdtfeger, Susanne: *Work-Life-Balance. So bringen Sie Ihr Leben (wieder) ins Gleichgewicht*, mvgVerlag 2005
Grün, Anselm: *Leben und Beruf. Eine spirituelle Herausforderung*, Vier-Türme 2005
Seiwert, Lothar J.: *30 Minuten für deine Work-Life-Balance*, GABAL 2001
Warren, Rick: *Leben mit Vision: Wozu um alles in der Welt lebe ich?*, Gerth Medien 2005
Work Life Balance Expert Group (Hrsg.): *Work Life Balance: Leistung und Liebe leben*, Redline Wirtschaft 2004

Epilog

Ich will, dass heute der erste Tag eines neuen Lebens ist.
Julien Green (1900-1998)

Was hülfe es dem Menschen, wenn er die Welt gewönne und
nähme Schaden an seiner Seele.
Jesus Christus

Für uns als Autoren ist *Überleben im Job* ein existenzielles
Thema. Die Auseinandersetzung mit den eigenen Ängsten und
die Frage „Wie motiviere ich mich täglich neu?" wurde von uns
nicht nur aus der Ferne betrachtet, sondern durchlebt. Und
trotzdem stellt sich immer wieder die Frage: „Wozu mache ich
das?" Es ist die wichtige Frage nach dem Sinn.
Wir haben eine persönliche Quelle für unsere Antworten gefunden. Eine Quelle, mit der wir uns den Ängsten stellen und sie
überwinden. Eine Quelle, die wertvolle Ziele enthält, aus der wir
täglich neue Motivation schöpfen und wo wir Stress abladen
können, von der wir konkrete Hilfen und Tipps bekommen, wie
wir mit Kollegen und Chefs umgehen können.
Diese Quelle ist dort, wo unser eigenes Leben und unser Sinn
herkommen. Sie ist transzendent und real. Es ist der Gott der
Bibel, der in der Person Jesu die Basis unserer Kraft für unser
Leben und Überleben bildet.
Diese Erfahrung teilen wir mit vielen Menschen in unserem
Land, die sich z. B. auch aktiv in der IVCG (Internationale
Vereinigung Christlicher Geschäftsleute) engagieren. Die IVCG
verbindet Menschen in Verantwortung, die sich den grundlegen-
den Fragen nach Gott und der Welt, nach dem Sinn unseres
Lebens und der Zukunft unserer Gesellschaft in Deutschland,
Österreich und der Schweiz in mehr als 500 Veranstaltungen
jährlich stellen (Infos finden Sie unter: www.ivcg.org).

Stichwortverzeichnis

Über die Autoren

Klaus Merg ist Physiklaborant, Diplompädagoge, Diplomsozialpädagoge, selbstständiger Personal- und Managementtrainer sowie Geschäftsführer der Merg & More Consultants (www.merg-and-more.de).
Nach Ausbildung zum Physiklaboranten bei Bayer Leverkusen Studium der Theologie, Tätigkeit als Bildungsreferent und Projektleiter bei der Ev. Kirche. Paralell dazu: Studium der Sozialpädagogik in Mönchengladbach und Diplompädagogik mit Schwerpunkt Erwachsenbildung in Köln, Siegen und Dortmund, Trainerausbildung bei „Dale Carnegie Training", Köln, und beim „Institut für Creatives Lernen", Lindlar sowie verschiedene Studienaufenthalte in USA und Kanada.
Klaus Merg ist seit 1995 als selbstständiger Personal- und Managementtrainer tätig. Er ist Geschäftsführer der Merg & More Consultants in Waldstetten. Seine Tätigkeitsschwerpunkte sind: Führungstraining, Selbstmanagement, Persönlichkeitsentwicklung, Rhetorik, Coaching und Life Leadership.
Klaus Merg ist als Referent mit verschiedenen Vorträgen und Seminaren international tätig.

Nach sieben Jahren Wirtschaftsjournalismus bei Europas größtem Zeitungshaus (Axel Springer Verlag) und sieben Jahren Unternehmenskommunikation bei Europas größtem Versicherungskonzern (Allianz) und ein paar Jahren im Verlagsmanagement ist **Dr. Torsten Knödler** seit mehreren Jahren als Pressesprecher in internationalen Unternehmen tätig.
Seit mehreren Jahren hat er einen Lehrauftrag für praktischen Journalismus an der Universität Augsburg übernommen.
Managementerfahrung hat der 45-Jährige als verantwortlicher Wirtschaftsredakteur für die Wirtschaftsseite der Berliner Ausgabe der WELT, als Führungskraft in der Unternehmenskommunikation der Allianz Versicherungs-AG in München und als Programmchef eines Buchverlags gesammelt.
Der promovierte Diplom-Ökonom hat schon ein Börsenlexikon verfasst, ein Buch über die Beziehung von Public Relations und Wirtschaftsjournalismus geschrieben und an einem Buch zu Krisen-PR mitgearbeitet. Zu seiner persönlichen Work-life-Balance gehören Tanzen und Singen mit seiner Frau, moderates Fitnesstraining, Gartenarbeiten und – wer hätte es vermutet – Lesen (z.B. auch die Bibel) und Briefeschreiben.